們的樣貌。在不久後的將來，也許科學技術進步之下，有一天我們能夠看見像電影『侏儸紀公園』系列那樣的世界。雖然說是不久後的將來，但也可能是幾十年、幾百年之後的事情了。

對於那些覺得「我等不了那麼久！」的人來說，有本好書要推薦給你，就是這本書。這本書中能看見有暴龍走在大馬路上、棘龍則往商店裡張望，簡直就像是恐龍們在我們的世界復活了一樣，這些給人錯覺的風景照片就收錄在本書當中。有各式各樣出現在日常生活當中的恐龍們，栩栩如生的躍於紙上。每翻開一頁都令人想著「恐龍也許真的還活著！」

啊，還請你小心些！

如果太過沉迷於這本書當中，也許會沒注意到你身後的窗戶正有恐龍偷看著你唷。

小林快次

如果恐龍在你身邊！多大隻？ contents

鳥腳亞目

翼龍目／海生爬行動物

恐龍vs恐龍　力量、速度，最強的是誰？

如果恐龍在你身邊！多大隻？

在古老的地球上生活的恐龍們，
如果還在我們居住的現代地球上、甚或是在日本的土地上？——
約2億5200萬年到約6600萬年前，在那個被稱為中生代的時代，
恐龍們在這個星球上繁榮而生生不息，種類真的非常繁多。
一樣都是生存在這個地球上的夥伴們，也許牠們能和我們成為朋友呢？

獸腳亞目

Theropoda

大小比較

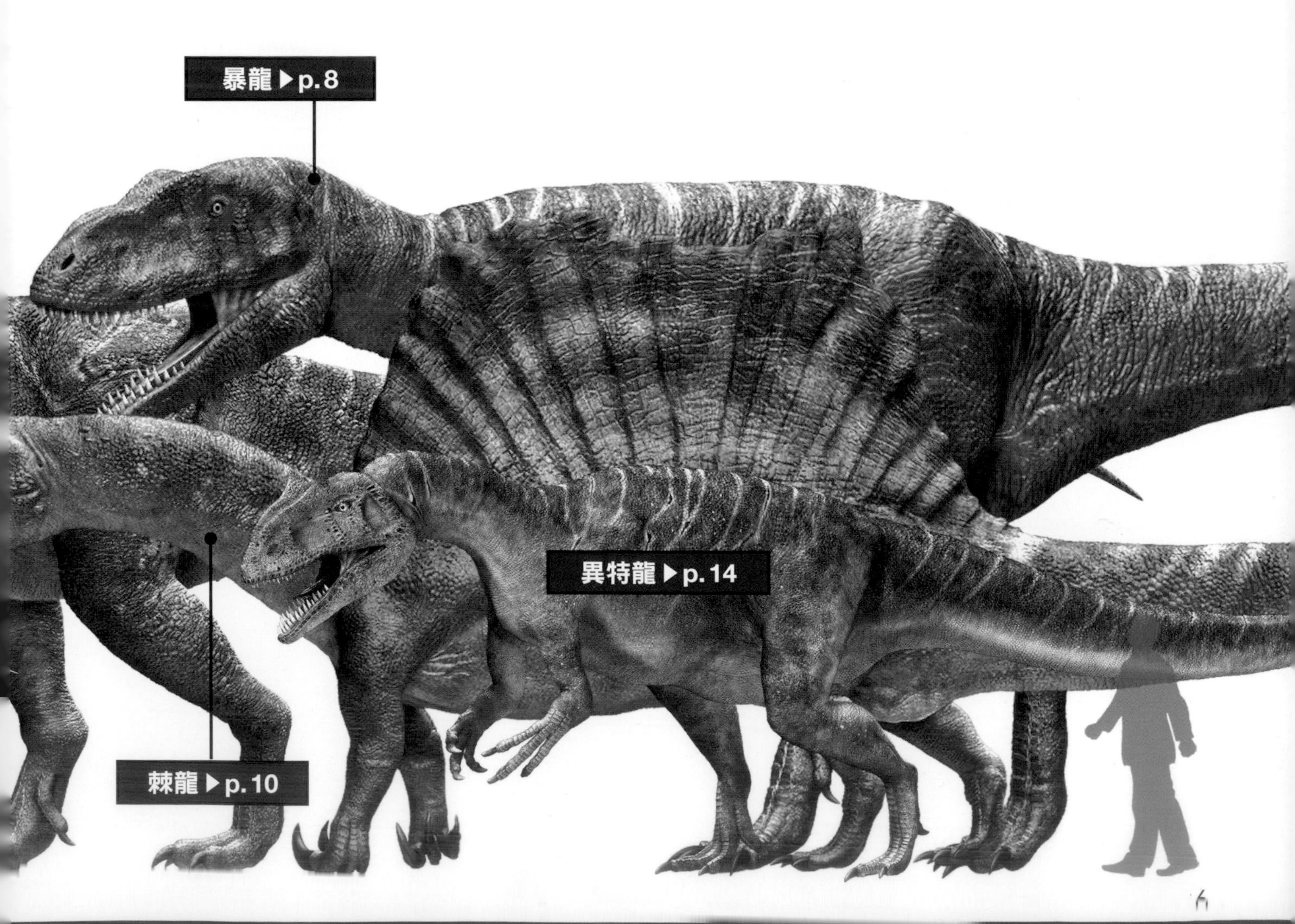

幾乎都是肉食且最強的恐龍

在各式各樣的恐龍當中，獸腳亞目的恐龍普遍被認為是最強的恐龍。牠們具備銳利的牙齒、以雙腳步行且可快速移動，在大部分情況下會獵捕、攻擊蜥腳下目等草食性恐龍，不過當中也有一些是屬於雜食性或者草食性的恐龍。此類型的恐龍中以大型的暴龍及小型的恐爪龍等較為有名。

暴龍

Tyrannosaurus

DATA

分類：蜥臀目獸腳亞目

食性：肉食性

時代：白堊紀

主要棲息地：北美洲

身長：約12m　**體重**：約6t

這是經常在電影作品中演出的恐龍、非常受人歡迎，但牠的外貌卻年年有所變化。近年來的研究當中指出，大型暴龍科的身體只有一部分有羽毛覆蓋，體表大致上還是被鱗片包覆。

最強肉食恐龍現身澀谷十字路口！

這裡是人來人往的澀谷十字路口。現在有巨大的暴龍（霸王龍）一腳踏了進來。路過的人一起將智慧型手機轉了過去，大家都很開心。不過正好路過的汽車卻覺得牠非常擋路，因此按了好幾聲喇叭。下個瞬間，霸王龍將目光轉了過去、瞪著汽車，輕輕鬆鬆用牠的大腳掌踩爛了車子！

使用電腦模組以骨骼標本為研究基礎的最新報告中指出，暴龍屬恐龍的咬合力至少也有3630kg上下，這約莫是小型汽車3台左右的重量。這是恐龍史上最強大的數值，如果是汽車板金的話，牠只需要用那長18cm的銳利牙齒，輕輕鬆鬆就能貫穿過去。正因為霸王龍有這樣強而有力的上下顎，所以才會成為恐龍之王。

棘龍
Spinosaurus

填滿二樓窗口視野的長型頭部及尖牙

正在咖啡廳中悠哉享受悠閒時光，卻覺得背後有什麼東西的視線射向自己。史上最大型的肉食性恐龍棘龍正在庭院裡徘徊、將牠那１・８ｍ大的臉龐轉過來窺看著店裡。該不會是聞到了食物的味道而被吸引過來的吧。

以往，棘龍被認為是和鱷魚相似的動物，推測牠會在水中度過生命中大部分的時間，屬於半水棲的恐龍。但是近年來的研究指出，牠的體型並不適合在水中活動，因此很可能只有在淺灘進出。由於在陸地上的時候，僅靠後肢無法支撐牠的體重，因此外貌應該會是四肢步行的模樣，這樣一來牠就不可能以敏捷的行動去獵捕食物。棘龍如果從餌食區（河川）當中離開，也許正是以牠巨大的身軀緩慢在附近散步，過著優雅的生活呢。

DATA

分類：蜥臀目獸腳亞目

食性：肉食性（魚類）

時代：白堊紀

主要棲息地：非洲

身長：約15m　**體重**：約6t

這種恐龍的特徵是有如鱷魚一般細長的上下顎、以及背部非常有特色的帆型突起，是吃魚的恐龍。背上的帆是由薄薄一層皮膚包覆棘狀骨骼構成，推測應該是作為調節體溫用。但是牠無法潛水，因此在水面上的時候姿勢也非常不穩定。

長而巨大的手臂
適合去當排球選手!?

恐手龍
Deinocheirus

正當選手準備發球的瞬間，衝進沙灘排球賽場的是有著全長2．4m巨大手臂的恐手龍。站在排球網前張開雙手的姿勢，簡直就是個副攻手球員。現在，人類vs恐龍的排球冠軍決定戰就要開打啦！

恐手龍有著非常銳利的前肢鉤爪；以及前端形狀較帶圓弧、適合在濕地上行走的後肢爪子。牠的大型下顎則是像鴨子的嘴喙形狀。背上有裝飾性的帆狀突起。

恐手龍具有各式各樣不同恐龍的特徵，樣貌非常奇特。牠的骨骼當中有空洞，是已經將身體變輕、進化過的似鳥龍類恐龍。牠們進化出較為輕盈的身軀，但這並不是為了奔跑，而是讓身體巨大化，成為緩慢移動的大型恐龍。一般認為牠會使用自己非常有特色的長手臂來收集植物、又或者是吃些魚類，是雜食性恐龍的可能性非常高。

DATA

分類：蜥臀目獸腳亞目

食性：雜食性

時代：白堊紀

主要棲息地：亞洲

身長：約11m　**體重：**約6.41t

最初在1965年只發現了手臂的化石，是全身充滿謎團的恐龍。但是2006年和2009年時找到了全身，終於能夠讓人看到牠的全貌。在獸腳亞目夥伴當中，牠是體高最高的品種。

異特龍
Allosaurus

無法從侏儸紀最快精英的眼下奔跑逃走！

在眾所矚目的400m接力賽當中，由後方迅速追上選手的是一頭異特龍。肉食性恐龍猛然踩踏著地面迅速逼近的樣貌，就連訓練有素的選手們也不禁愕然！

異特龍被認為是侏儸紀最強悍的肉食性恐龍，以牠的身長來看，其實體重算是輕的，因此被認為奔跑的速度應該會非常快，也有人推測牠最快能夠達到時速35km。這個速度是一般短距離跑者的速度，因此異特龍可以說是腳步頗快的獵人。一旦被發現了，牠就會跟上來，應該是非常麻煩的敵人。異特龍的平衡感也非常優秀，因此才被認為可以高速奔跑。

DATA

分類：蜥臀目獸腳亞目

食性：肉食性

時代：侏儸紀

主要棲息地：北美洲、歐洲、非洲

身長：約8.5m　**體重：**約3t

異特龍被稱為侏儸紀最強捕食者，牠的頭骨比白堊紀的暴龍來的纖細，因此一口咬下的破壞力可能也較小，但是牠能夠迅速闔上嘴，然後用牠薄且銳利的牙齒撕裂肉塊，是非常兇猛的恐龍。

史上最大的肉食性恐龍也擅長打美式足球？

南方巨獸龍

Giganotosaurus

美式足球選手們在如雷歡呼中現身於賽場上。在他們身後能夠以眼神殺人、備受期望的超強新人，正是南方巨獸龍！究竟不同種族混合的美式足球比賽結果將會如何!?

依照復原骨骼來推測的話，南方巨獸龍是歷史上最為巨大的陸生肉食性動物之一。

牠的頭部推測長達1．8m，但由於橫向寬度較窄，因此狩獵的時候並不會將獵物咬碎，而是咬好幾次、讓獵物失血而死；又或者是咬著喉嚨不放、讓獵物窒息而死。由於同時發現的骨骼化石當中，有血緣相近的不同個體，因此非常有可能是群體狩獵。就像美式足球隊伍那樣，牠們是非常擅長團體合作的恐龍。

DATA

分類：蜥臀目獸腳亞目

食性：肉食性

時代：白堊紀

主要棲息地：南美洲

身長：約13m　**體重**：約7t

南方巨獸龍的體格雖然確實很大，但也有些人認為牠的骨骼標本在復原時被打造的過大，是一種實際尺寸還有待商榷的恐龍。但是，由於後來也挖掘出比原先標本大了8%左右的化石，因此牠身為最大型肉食性恐龍應該還是毫無疑問。

DATA

分類：蜥臀目獸腳亞目
食性：草食性
時代：白堊紀
主要棲息地：北美洲
身長：約4.5m　**體重**：約150kg

似鳥龍的嘴喙有許多切口。具備相同結構的鳥類是鴨子，牠們用這些縫隙來過濾水中的微生物、昆蟲和植物來攝取食物。因此似鳥龍應該也是類似的飲食習慣。

在城鎮的廣場上，有位中國的舞蹈家正展開巨大的扇子、表演華麗的舞蹈。飛入現場參加的是手臂有著翅膀形狀羽毛的鴕鳥恐龍——似鳥龍。兩方都翩翩展現美麗的扇子，使出了宛如拳法一般的靈敏動作，展開了一場舞蹈對決。

似鳥龍的特徵是有著三隻趾頭的腳趾、長長的脖子、以及帶有嘴喙的小巧頭部，樣子就像是一隻鳥類。但是牠手臂上的羽毛和鴕鳥一樣、並不是用來飛翔的翅膀。應該是用來讓牠們在孵蛋的時候可以保溫、以及在求愛的時候能夠綻放出華麗樣貌。似鳥龍的眼睛很大、視力似乎也非常好。牠們對於五彩繽紛的感官感受及靈敏的動作都會有反應，也許會和同伴們一起跳舞呢。

華麗的舞蹈也能輕鬆表演

開車也逃不走！執著追逐獵物的高速跟蹤者

這是個你正在愉快享受開車兜風之樂的假日。猛地重新再看了看後照鏡，沒想到後面竟然有恐龍追了上來！

姿態宛如鳥類一般的恐爪龍全身都被羽毛覆蓋著，但牠無法飛起來。不過，從骨骼標本看來，推測牠應該能夠跑出時速50㎞左右的速度，是非常優秀的跑者。直直向後伸的長尾巴，是讓牠在高速奔跑的時候用來平衡身體的工具。另外，恐爪龍也是非常兇狠的獵人。牠的第二指鉤爪是在狩獵的時候使用，因此奔跑的時候會稍微舉起、不讓爪子碰到地面。恐爪龍可是連開車會不顧性命在逼車的駕駛，看了也會臉色發白的可怕跑者。

DATA

分類：蜥臀目獸腳亞目

食性：肉食性

時代：白堊紀

主要棲息地：北美洲

身長：約3.3m　　**體重**：約60kg

一般認為恐爪龍具有較高的智能、並且會採取集團行動。在大型草食性恐龍的化石上，曾經發現被恐爪龍傷害的痕跡，因此推測恐爪龍會利用團隊合作來獵捕比自己體型還要大的獵物。

恐爪龍
Deinonychus

正在吃餌食的是鳥？還是恐龍？

始祖鳥

Archaeopteryx

DATA

分類：蜥臀目獸腳亞目

食性：肉食性

時代：侏儸紀

主要棲息地：歐洲

身長：約45cm　**體重**：約500g

始祖鳥究竟是在樹上還是地上生活，長久以來一直都是研究家們的爭議點。由於牠非常有可能會在空中滑翔，因此也許大半的時間是在空中度過的也不一定。

公園裡聚集了許多鴿子和麻雀等。牠們的目標正是在公園裡散步的人們丟給牠們的麵包或者點心碎屑。嗯？在那些啄著餌食的鳥類當中，似乎混著一隻不太眼熟的種類呢。牠正是被稱為始祖鳥的恐龍。

始祖鳥有銳利的牙齒、帶著翅膀的三隻腳趾、有骨骼的長尾巴等等，由於牠具備了獸腳亞目恐龍的特徵，因此被認為是介於恐龍與鳥類之間的種類。最大的特徵就是羽軸旁類似是發翔羽的羽毛並未左右對稱，牠們應該是以這種形狀來產生上升力的。但是根據骨骼形狀看來，牠們無法拍動翅膀，因此很可能是用滑翔的。近年來的研究中發現始祖鳥的腦部非常大，具備飛行所需要的空間認知能力、聽覺及姿勢控制能力，因此牠們應該是非常優秀的滑翔機操縱者。

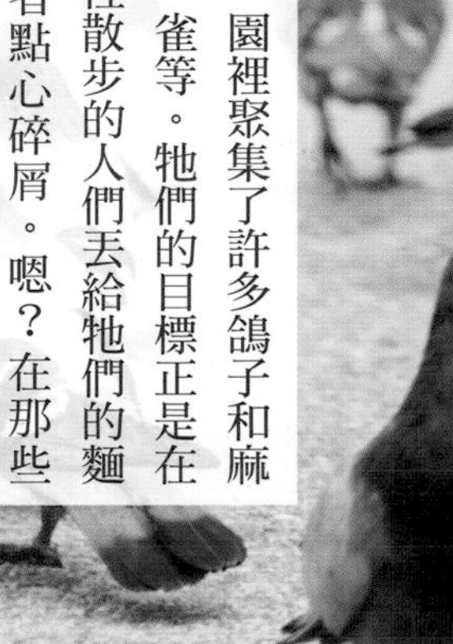

近鳥龍
Anchiornis

DATA

分類：蜥臀目獸腳亞目
食性：肉食性（昆蟲等） **時代**：侏儸紀
主要棲息地：亞洲
身長：30～50 cm **體重**：約 250 g

近鳥龍會用牠前肢翅膀的前端那銳利爪子爬樹，應該也可以進行滑翔。雖然現在被分類為傷齒龍屬的恐龍，但一直也有人提出異議，認為應該要將牠分類在始祖鳥類。

鳥類的祖先連烏鴉都不感到害怕!?

今天早上公園裡仍然聚集了許多烏鴉，不過當中似乎有隻不太常見到的鳥……？那真的是鳥嗎？身體全身都被羽毛覆蓋，顏色是黑色和灰色的，前肢及後肢的翅膀有著黑白條紋圖樣，頭上還有紅色的肉冠，那是近鳥龍。

牠的樣子看起來幾乎就和鳥類沒有兩樣，但近鳥龍其實是棲息在鳥類出現以前的侏儸紀後期的恐龍。頭上有著橘色的誇張裝飾。

在過去，鳥類的起源眾說紛紜，但是在發現近鳥龍的化石以後，鳥類是由恐龍進化而來的假說又得到了更強而有力的證據。

大型白腹鰹鳥的繁殖期即將來到，築巢地又將湧現一年一度的熱鬧盛況。裡面出現了一隻混在當中與母鳥們一起孵蛋的恐龍。牠有著嘴喙卻沒有牙齒、頭上有著宛如現今鳥類——南方鶴鴕那樣的垂直肉冠，牠就是葬火龍。牠的化石被發現的時候，是爸媽抱著蛋的狀態。由於爸媽將四肢展開來覆蓋周圍，因此推測牠的前肢可能有羽毛。這種姿勢只會出現在鳥類身上，因此一般認為葬火龍的化石也是連結鳥類與獸腳亞目恐龍的證明。

DATA

分類：蜥臀目獸腳亞目

食性：肉食性　**時代**：白堊紀

主要棲息地：亞洲

身長：約2m　**體重**：不明

體型大約與澳洲鴕鳥差不多的葬火龍，是偷蛋龍的夥伴。在蒙古發現了牠抱著蛋狀態下的化石，因此得知牠們在產卵之後，會好好的為蛋保溫。

宛如鳥類一般孵蛋的鳥型恐龍

葬火龍

Citipati

在義大利被發現的最初的恐龍

DATA

分類：蜥臀目獸腳亞目

食性：肉食性　**時代**：白堊紀

主要棲息地：歐洲

身長：約2m　**體重**：約30kg

一開始發現的化石是全長約50cm的寶寶，不過推測成長後應該會到2m左右。餵餌的爸媽能夠獵捕腳步迅速的蜥蜴或水邊的魚類，因此也是動作迅速的恐龍。雖然並未留下相關化石，但牠的身體應該有被羽毛覆蓋。

棒爪龍
Scipionyx

是一間在義大利某個街角營業的披薩車，每天早上都會有老顧客前往。牠會在店家周圍徘徊，看看能不能拿到些披薩的殘渣來吃。

棒爪龍是在義大利被發現的最初的恐龍。被發現的化石標本是出生才三年左右的幼兒恐龍，但由於肌肉組織和內臟構造都被保存了下來，因此提供了人類許多貴重的資料。在牠的消化器官當中還殘留著蜥蜴以及魚骨。由於牠還非常幼小，因此也許還需要父母的照顧。如果是在現代，牠可能會喜歡臘肉或者海鮮口味的披薩!?

野貓們正狠狠瞪著攤位上一字排開的新鮮魚類。不過當中也有些貓咪會躲在陰暗處、試圖悄悄接近打算偷魚。不對，那並不是貓咪，而是小偷恐龍小盜龍啊。

小盜龍是目前發現的恐龍當中最小的一種。牠全身都被羽毛包覆，連後肢上也有羽毛，推測牠可能會用四片翅膀像滑翔機那樣在天空中滑行。雖然也有些研究認為牠生活在樹上，但牠也很可能偶爾會下到地面，一邊閃躲著天敵的視線、一邊獵捕食物。

以四片翅膀飛翔的小偷恐龍

DATA

分類：蜥臀目獸腳亞目

食性：肉食性（昆蟲等）　**時代**：白堊紀

主要棲息地：亞洲

身長：50 cm　**體重**：不明

小盜龍是如何使用四片翅膀滑翔，目前還不是非常清楚。但是以電子顯微鏡觀察，分析化石當中殘留的色素之後，得知牠的翅膀有彩虹色的光澤（譯註：彩虹色常見於昆蟲翅膀、孔雀等鳥類羽翅）。

小盜龍

Microraptor

與動物比較大小①

大象與暴龍、棘龍

結實壯碩的大型身體勝負結果

地球史上被稱為最強的肉食恐龍們，通常身體也非常巨大、若是要比力量，牠們的強悍度也是居高不下。如此一來能拿來比較的，就是目前生存於陸地上的動物中最大的非洲象了。

至今為止發現的化石當中，最大的暴龍全長約13ｍ、推測體重大約是9ｔ。另外一種很有名的棘龍則是全長約15ｍ、體重大約是5ｔ的樣子。

另一方面，非洲象的體長大約是7ｍ、體重則大約是8ｔ。乍看之下恐龍看起來是比較大，但是如果去掉了長尾巴、只看身體的話其實是相去不遠的。另外考量到體型和體重之間的比例，人象的穩定性應該比較高。

長脖子動物的身高、和身體長度？

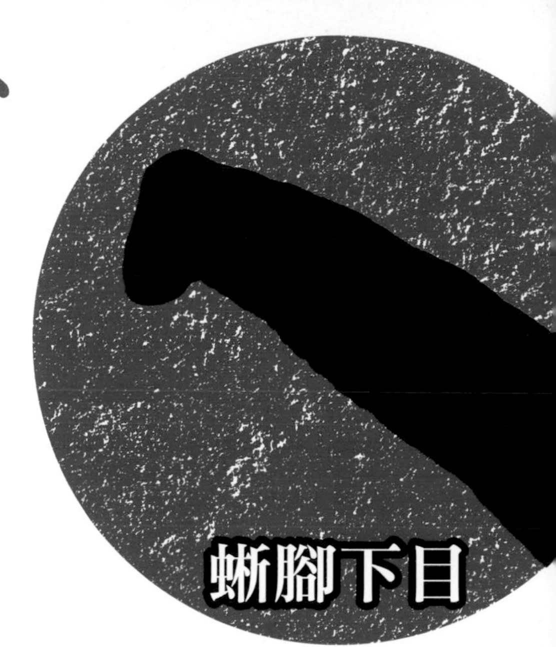

如果要比較長脖子動物的大小的話，現代動物的代表就是長頸鹿、而恐龍的代表就是蜥腳下目的恐龍了吧。公的長頸鹿連頭上的角都算進去，高度大約是5m、體高（扣除脖子的高度）大約3m、體重則大約是1.5t。另一方面，史上最大的阿根廷龍則是全長約36m、體高約9m、體重則推測可達到75t左右。梁龍的全長大約是26m，但是體格纖細，因此體重只有大約20t上下。日本最大的恐龍丹波龍就更小了，體長大概只有14m左右。牠們雖然都是溫和的草食性動物，卻讓肉食性的獵捕者要襲擊牠們時也會有所遲疑。

Column

希望大家能記得的知識！

恐龍的種類

恐龍被認為和鳥類有相同的祖先，兩者在進化的過程當中分歧，因此種類非常繁多。

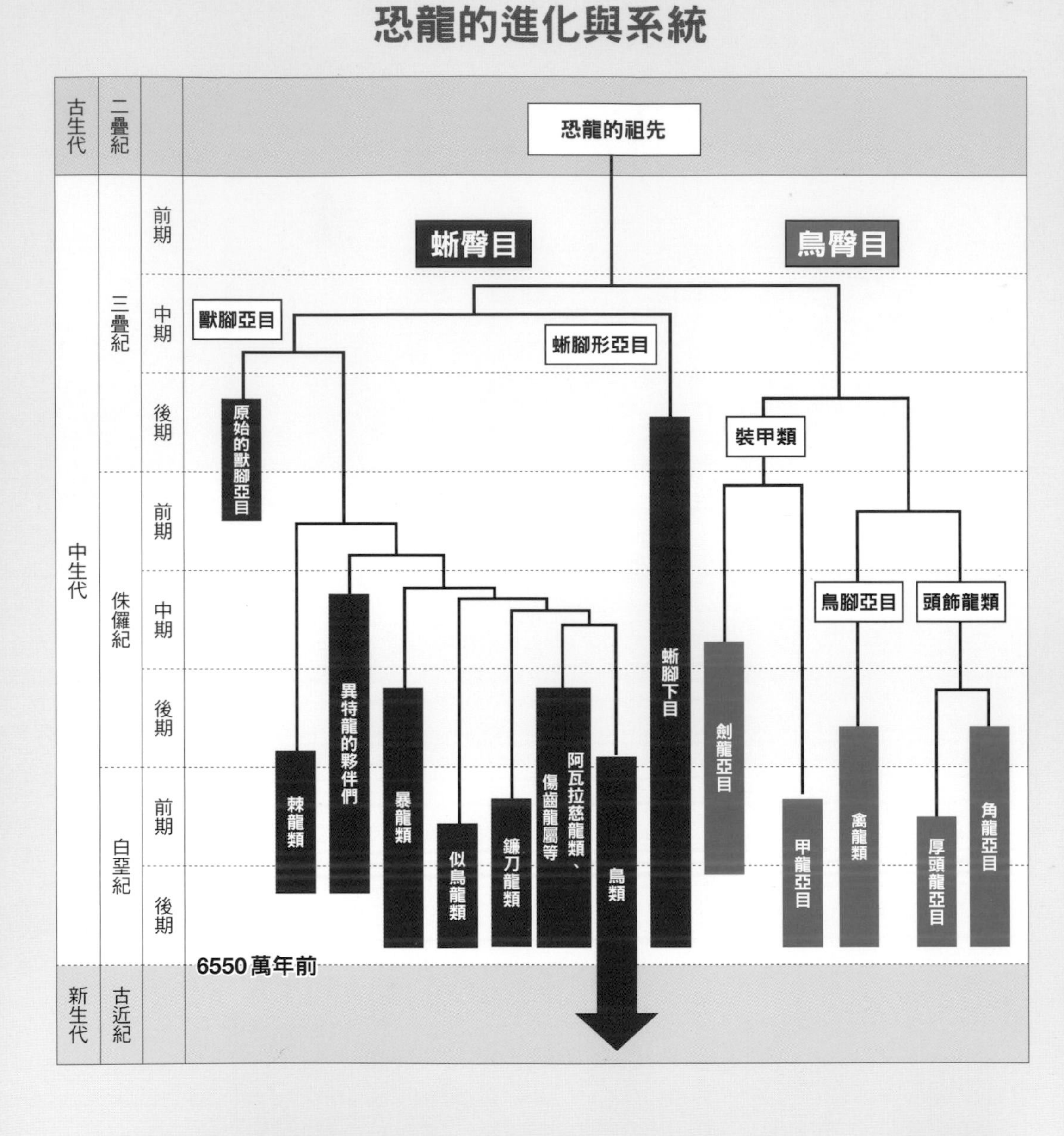

進化系統分歧的各式各樣恐龍們

恐龍根據其進化的系統不同，大致上區分為有著骨盆形狀與鳥類相似的「鳥臀目」、以及骨盆形狀和蜥蜴相似的「蜥臀目」。另外，鳥臀目下又區分為「裝甲類」、「頭飾龍類」及「鳥腳亞目」三大類；而「蜥臀目」下則有「獸腳亞目」及「蜥腳形亞目」。說是大致區分是因為再往下還能夠再細分為更多種類。

舉例來說，背上有厚厚一層骨骼裝甲板的甲龍是裝甲類的甲龍亞目；背上有骨骼板並列的劍龍則是裝甲類的劍龍亞目；三角龍則是頭飾龍類的角龍亞目。另外，非常有名的暴龍則是屬於蜥臀目的獸腳亞目。

看著恐龍的系統分類，就能夠明白恐龍花費了非常長久的一段時間，才能夠進化的如此多采多姿。

恐龍的主要種類

恐龍大致上區分為蜥臀目及鳥臀目，那麼底下又有哪些種類呢？以下就介紹主要的幾種。

蜥臀目

梁龍

蜥腳下目

這是脖子和尾巴都很長、使用四腳步行的草食性恐龍團體。最具代表性的就是梁龍和迷惑龍。

獸腳亞目

最有名的就是以暴龍為首的所有肉食性恐龍（也包含一部分非肉食性恐龍）、以及鳥類都屬於獸腳亞目。

暴龍

鳥臀目

劍龍

甲龍

裝甲類（甲龍亞目、劍龍亞目）

裝甲類區分為像甲龍那樣背上有非常厚實骨骼裝甲板的甲龍亞目恐龍、以及背部有骨骼板排列的劍龍等劍龍亞目。

頭飾龍類（角龍亞目、厚頭龍亞目）

這是具有角或者大型頸盾的恐龍。最具代表性的恐龍，就是和暴龍一樣有名的三角龍。

三角龍

禽龍

鳥腳亞目

以禽龍為代表性恐龍的一類。禽龍沒有什麼顯眼的特徵，但牠是草食性恐龍當中進化到最後期的恐龍。

翼龍、蛇頸龍、魚龍等並不是恐龍

翼龍、魚龍、蛇頸龍等，雖然樣子和恐龍很像，但牠們並不是恐龍。恐龍是屬於主龍類，而翼龍雖然也屬於主龍類，但和恐龍在進化時成為不同種類。另外，居住在海裡的蛇頸龍、魚龍、滄龍也都不是恐龍。

滄龍

被認為應該是白堊紀海洋中霸王的魚龍。特徵是有著鱷魚一般尖銳形狀的頭部。

薄板龍

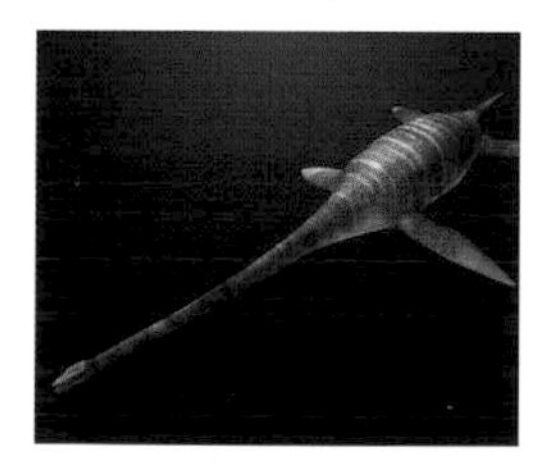

有著長約8m頸子的蛇頸龍。是白堊紀後期於北美洲附近的海洋非常繁榮的種族。

風神翼龍

目前已知史上最大的翼龍。一般認為牠在地上會使用四足步行。

蜥腳下目

Sauropoda

大小比較

走路就能造成地面轟然巨響的巨大恐龍

蜥腳下目恐龍以四腳步行、有著巨大身體，牠們是地球史上最大的陸上生物。由於牠們的身體如此龐大，光是走路就能讓地面發出轟然巨響。蜥腳下目恐龍當中最有名的梁龍體長在25m以上；另外本書當中雖然沒有介紹，但被認為最長的地震龍據說體長可達到39m～52m。

牠的龐大身軀是新幹線車廂的兩倍長！

DATA

分類：蜥臀目蜥腳下目

食性：草食性

時代：白堊紀

主要棲息地：南美洲

身長：約36 m　**體重**：約75 t

阿根廷龍的化石標本當中，背部中心的脊椎骨就長130 cm、脛骨則長155 cm，幾乎和人類的小孩一樣高。以陸地生物來說牠應該是史上最大的，而由於牠的重量也非常有份量，因此應該光是走路就會讓地面發出轟然巨響。

以靈峰富士山為背景、快速奔馳而過的新幹線，可說正是象徵日本的景色。此時搖晃著巨大身體、就像是要來挑戰現代科學般的超巨大阿根廷龍現身了。牠似乎在說著，要比大我才不會輸呢！

牠的身體總長當然與那像條長蛇的新幹線無法比擬，不過新幹線一截車廂的長度大約是25～30m左右（照片上的N700系車頭為27m）。若是以一截車廂來和阿根廷龍相比，那麼可是阿根廷龍略勝一籌。牠的重量也是新幹線車廂的兩倍左右。由於牠實在太過巨大，因此即使是大型的肉食性恐龍，恐怕也無法攻擊獵捕牠們。阿根廷龍被認為可能是存在於陸地上最大的生物，可能就是為了要防禦天敵而讓身體變大，最終演化成這個樣子。

阿根廷龍

Argentinosaurus

迷惑龍
Apatosaurus

恐龍界的消防隊連雲梯車都舉手投降!?

消防車和雲梯車被緊急召往火災現場，正準備要開始滅火。這時，有頭巨大的消防員也奔到此現場。那是揚著長長脖子的迷惑龍。

迷惑龍的全長幾乎比大型緊急車輛都還來的大。另外，蜥腳下目的恐龍以骨骼上來說，一般是無法將脖子高舉起來的，但是迷惑龍可以使用堅強的韌帶，將牠長達6ｍ左右的脖子舉起30度左右。牠並非單純只在身體上接了粗壯的長脖子，牠的每一節頸椎都有著和鳥類共通的呼吸輔助器官，具有用來儲存呼吸空氣的空洞氣囊，因此脖子其實比外觀看起來的樣子輕很多。牠就是這樣可以使用長又輕的脖子和夥伴們聚集在一起，啃咬森林裡的樹木葉片。

DATA

分類：蜥臀目蜥腳下目
食性：草食性
時代：侏儸紀
主要棲息地：北美洲
身長：約23m　**體重：**約25～30t

迷惑龍最令人驚訝的一點，就是牠的成長速度。從目前發現的化石上看來，可以推測牠在出生之後約13年就會長成約30t的成體，也有些研究認為牠在幼體時期每天可以增加體重約15kg。

DATA

分類：蜥臀目蜥腳下目

食性：草食性　**時代**：侏儸紀

主要棲息地：北美洲

身長：約26m　**體重**：約10～20t

梁龍有15～16節頸椎，脖子非常地長，一般認為牠平常應該會將脖子維持水平、或者是稍微朝下。因此推斷牠通常是吃蕨類等生長於較低位置的植物。

梁龍

Diplodocus

以音速來回的鞭子 在籃球場上也大為活

在籃球比賽當中，正當明星選手要射籃的那瞬間，大家聽見了劃過空中的呼嘯聲響。揮動長長尾巴打算阻礙對手達陣的正是梁龍。真是的，怎麼會有這麼誇張打斷比賽的傢伙。

相較於其他蜥腳下目的恐龍，梁龍的身體較為纖細，體重應該也比較輕盈。牠最大的特徵就是那長到不行的脖子和尾巴了吧。尤其是牠的尾巴，一般來說蜥腳下目恐龍的尾椎骨大約是40節左右，但梁龍可是高達兩倍的80節之多。牠似乎能夠善用強韌肌肉，像揮動鞭子一樣擺動尾巴，拿來作為自衛的武器。

就像現代人類使用鞭子的時候一樣，尾巴的末端速度會超過音速，因此會發出破空般的震波，可以用來威嚇敵人吧。

馬門溪龍

Mamenchisaurus

DATA

分類：蜥臂目蜥腳下目

食性：草食性　**時代**：侏儸紀

主要棲息地：亞洲

身長：約25m　**體重**：約18～20t

近年來經常在中國發現脖子很長的蜥腳下目恐龍化石。也有人推測是由於侏儸紀中期之後，東亞的喬木森林生長發達所致。但當中就只有馬門溪龍不會將脖子舉起來，關於這點的原因目前還不清楚。

亞洲最大的恐龍出現在天安門廣場！

這裡是全世界觀光客絡繹不絕的天安門廣場。在這個能容納50萬人的大型廣場上，最受歡迎的就是馬門溪龍了。牠左右擺動著長長的脖子，默默嚼著觀光客給牠的食物。

在四川省發現的馬門溪龍，據推測是亞洲最大的恐龍。蜥腳下目的恐龍一般來說頸椎會在15節以下，但是馬門溪龍卻有19節頸椎。不過以骨骼的構造來說，牠無法將脖子高高舉起。為了要盡量減少尋找食物的力量，牠應該是挪動長脖子，廣範圍的尋找底層的植物，才會進化成這種體態。

這是屋頂非常傾斜的丹波市古民宅。在周邊悠哉散著步的便是丹波龍。牠的身體雖然巨大，但就像是鄰居都很習慣牠在這兒晃蕩的當地貓咪……，不對，牠可是當地恐龍呢。在２００６年時，由於丹波龍的出現，終於推翻了「日本找不到恐龍化石」這個定論。居住在市內的兩位業餘研究家發現了這副恐龍化石，因此當地居民也與牠非常親近，可說是平民派的恐龍呢。在２０１４年，牠被確認為蜥腳下目當中，進化後的泰坦巨龍屬的新屬新種恐龍而獲得正式命名。推測牠應該與中國的蜥腳下目的盤足龍有較近的血緣關係。

DATA

分類：蜥臀目蜥腳下目

食性：草食性　**時代**：白堊紀

主要棲息地：日本

身長：約14m　**體重**：不明

丹波龍在蜥腳下目恐龍當中算是中型的，但在日本產的恐龍當中，牠算是體型比較大的。牠是在篠山層群當中被發現的，這個地層是中生代白堊紀前期約1億4000萬年前～1億2000萬年前左右的地層，在這個地層當中發現了許多化石。

與市民非常親近的丹波龍回到故鄉了!?

丹波龍

Tambatitanis

Column
希望大家能記得的知識！

恐龍生存的時代

目前已經滅絕的恐龍，據說牠們生存的時間長達約1億6000萬年。

中生代								
三疊紀							侏儸紀	
2億5200萬年前 二疊紀末期的大滅絕。地球上的生命幾乎都消失了	**2億4800萬年前** 被稱呼為魚龍、形狀像是魚類般的爬蟲類出現了	**2億4300萬年前** 可能是最初的恐龍，尼亞薩龍登場	**2億3000萬年前** 大多數恐龍誕生於地球上	**2億2500萬年前** 最初的哺乳類，類似鼴鼠的食蟲動物出現	**2億156萬年前** 三疊紀末期的大滅絕。進入恐龍時代	**2億年前** 盤古大陸開始分裂為南北區塊	**1億9500萬年前** 脖子很長的巨大蜥腳下目恐龍出現	**1億9000萬年前** 有著巨大頭部和銳利牙齒的上龍屬恐龍出現

異特龍

是侏儸紀最大的肉食性恐龍。特徵是眼睛上方的三角形角。

腔骨龍

被推測是首先以群聚方式生活及獵捕的恐龍。

艾雷拉龍

據說是有著銳利爪子與大量鋸齒的凶暴肉食性恐龍。

始盜龍

最古老的恐龍之一。牠使用兩腳走路，似乎能夠非常敏捷地奔跑。

從出現到滅絕 生存於中生代的恐龍

恐龍生存的時代，是從現在算起的2億5200萬年前到6600萬年前的中生代。中生代區分為三疊紀、侏儸紀、白堊紀。一般認為最早的恐龍，是出現在三疊紀大約中期時（約2億4300萬年前）的始盜龍。而最後的恐龍，則是繁榮生存到白堊紀（約6600萬年前）的暴龍。

提到恐龍生存的年代，也許大家會覺得是非常遙遠的過去，但其實將地球的生命日曆壓縮到只有一年長度的話，恐龍是在12月13日出現的、並且於同月26日滅絕。若是俯瞰地球的生命歷史，那不過是最近發生的事情罷了。而且，在牠們生存的年代，也已經有烏龜、鱷魚及小型哺乳類等生物的存在。

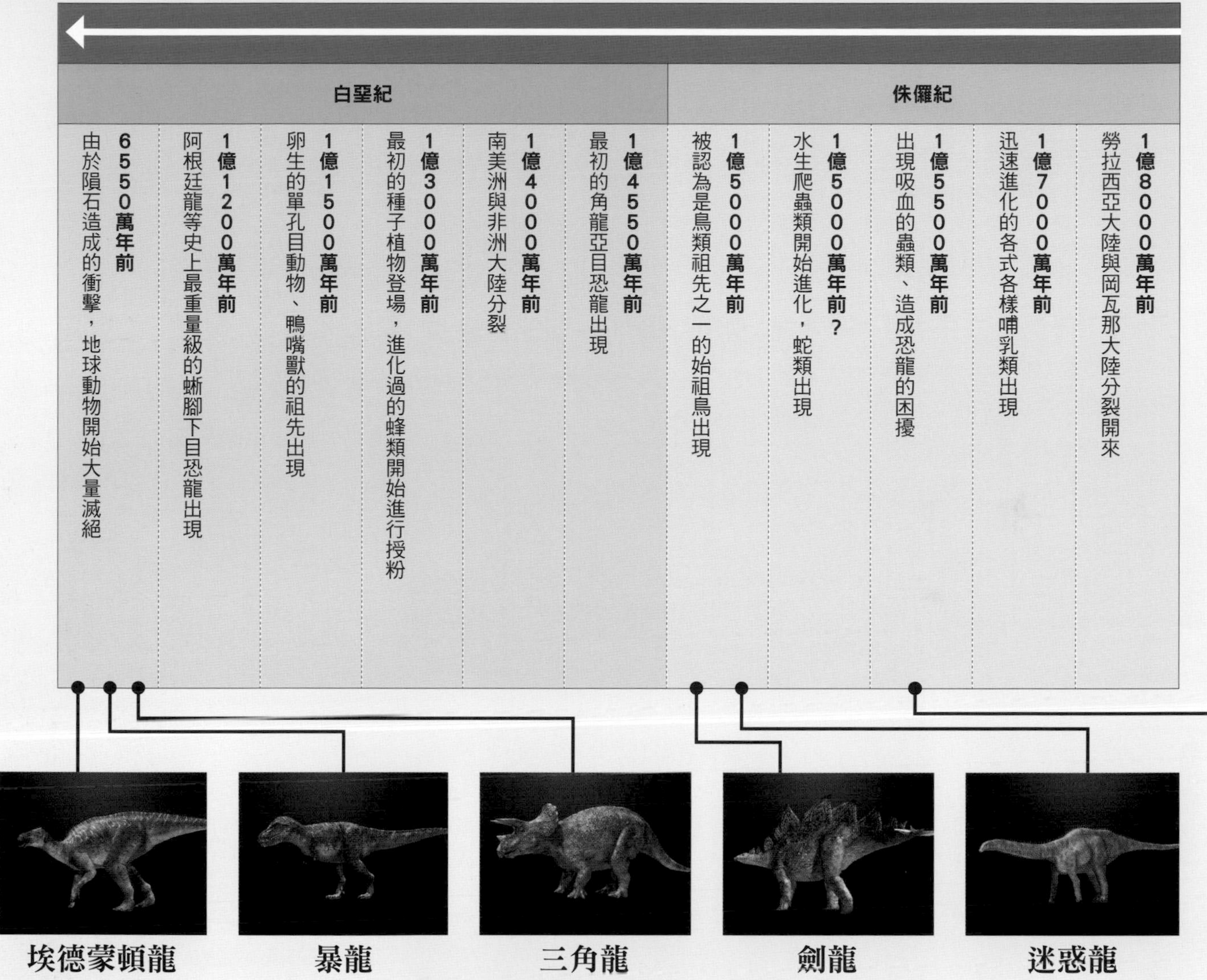

埃德蒙頓龍

特徵是最多達到60列的牙齒。是最為進化的恐龍之一。

暴龍

被認為是史上最強的肉食性恐龍。咬合力最大可達8t。

三角龍

特徵是兩眼上方與鼻子前端的角、還有頸子上那一圈頸盾。

劍龍

頭部非常小、背上有菱形骨板的草食性恐龍。

迷惑龍

有著細長牙齒的草食性恐龍。最大特徵是長長的脖子和尾巴。

地質年代

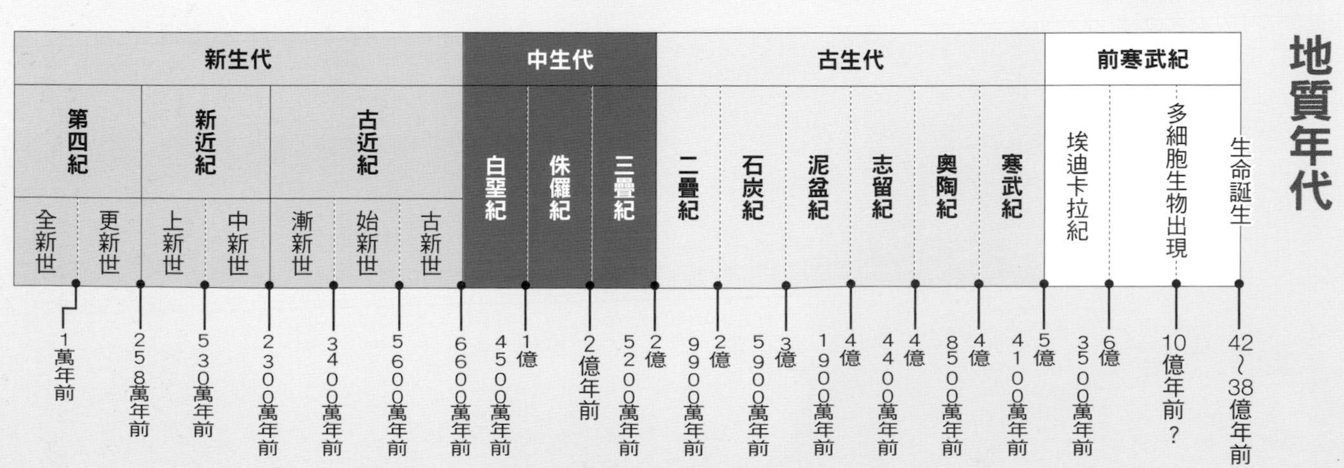

角龍亞目、厚頭龍亞目 劍龍亞目、甲龍亞目

Ceratopsia · Pachycephalosauria · Stegosauria · Ankylosauria

大小比較

身上有著如武器般裝甲的草食性恐龍

被分類在鳥臀目的角龍亞目、厚頭龍亞目、劍龍亞目、甲龍亞目的恐龍們，全部都是草食性恐龍，為了要保護自己不受肉食性恐龍所害，因此身上有角、劍、盔甲等像是武器一般的五花八門裝甲。這幾種恐龍分別以三角龍、厚鼻龍、劍龍、甲龍等最具代表性的幾種為人熟知。

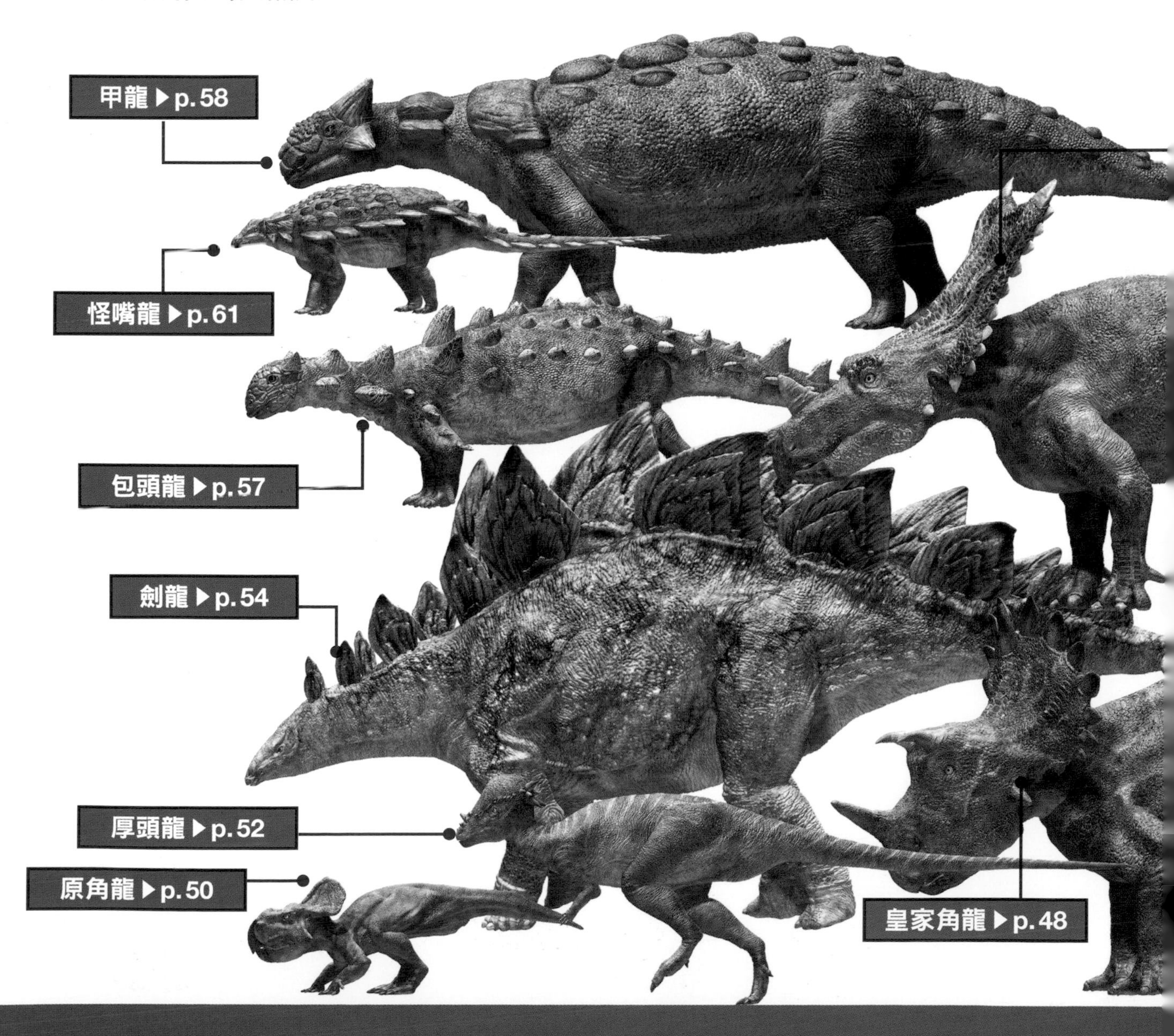

不比汽車遜色的華美堅強身體

三角龍
Triceratops

DATA

分類：鳥臀目角龍亞目
食性：草食性
時代：白堊紀
主要棲息地：北美洲
身長：約8m　**體重**：約8t

三角龍有著鉤狀的嘴喙，可以用來咬斷堅硬的植物，並且其牙齒為叢生的齒庫（dental battery）結構，推測牠能用臼齒磨擦切斷植物。由於牠能夠吃的植物種類非常繁多，因此才能成功繁衍生存並大型化。

緩步走在大樓內的室內停車場時，有個巨大的影子從眼前蹣步而過。這是身體大小約略與公車差不多的三角龍。三角龍似乎並不太在意身旁的車子，非常溫和地走向建築物內牠喜歡的地方。

三角龍是生存在白堊紀末期最大的角龍亞目恐龍。特徵是脖子旁邊一圈很大的頸盾。牠的角是在夥伴們之間發生衝突的時候使用、又或者是攻擊外敵的武器。那圈頸盾可能是防禦工具、也可能是用來吸引異性的展示性裝飾。但是，從骨骼上來看，牠無法像牛隻那樣兇狠地向前衝，分析中指出牠的鼻尖骨骼無法承受那種猛力撞擊的力道。

從外觀上也許會覺得，三角龍似乎會經常用牠那雄壯的角、發生橫衝直撞的鬥爭，但其實，牠可能過著非常安穩的生活呢。

皇家角龍
Regaliceratops

王冠般的頸盾正適合拿來當作裝潢!?

DATA

分類：鳥臀目角龍亞目
食性：草食性　時代：白堊紀
主要棲息地：北美洲
身長：約5m　體重：約2t

皇家角龍的眼睛上方的角非常小，會讓人聯想到美國漫畫中「地獄怪客」那個惡魔般的高大男主角，因此在正式決定學名之前，牠一直都被暱稱為「地獄怪客」。

在如此時髦的客廳當中，有個像是非洲藝術、充滿野外情調的頭像裝飾在牆面上。啊，那個裝飾品動了起來。這並不是裝潢的一部分，而是有著獨特頸盾的皇家角龍。牠後頭部的頸盾是有著巨大五角形的板子；鼻子上的角雖然很大、兩眼上方的角卻很小，是先前在其他恐龍身上沒有見過的樣貌。由於會讓人聯想到「王冠」，因此取名的時候，牠就被命名皇家角龍，意思就是「有著如王家般角類的面孔」。牠的頸盾一般認為也會用來展示給夥伴觀看。

開車只要稍一失神，就很容易發生意外。但是發生意外的對象，可不一定只有人類。這輛車正打算轉彎，卻有頭厚鼻龍猛然撞了上來，造成車體整個凹陷損傷。

厚鼻龍是沒有角的角龍。相對地，牠的頭骨前方非常地厚實，還有著非常明顯的凹凸起伏。據說可能是為了在同伴之間爭奪地盤、以及為了搶奪女朋友而打架的時候，不要傷及對方。另外，也有研究認為牠很可能有角蛋白構成的角，只是這種材質無法留下化石，所以才沒找到。

粗糙不平的石頭，要小心哪！

厚鼻龍

Pachyrhinosaurus

DATA

分類：鳥臀目角龍亞目

食性：草食性　**時代**：白堊紀

主要棲息地：北美洲

身長：約6m　**體重**：約3t

頭部的長度如果加上頸盾，可以長達約1.6m，但是和三角龍等恐龍相比，牠還是算身體小了一圈的恐龍。不過，推測牠們是採群聚生活、且腳步快速，因此很可能肉食性恐龍也不會拿牠們當盤中飧。

原角龍
Protoceratops

溫和的原角龍適合當寵物？

DATA

分類：鳥臀目角龍亞目
食性：草食性　時代：白堊紀
主要棲息地：亞洲
身長：約2m　體重：約200kg

由於體高很低，因此被認為主要應該是吃灌木或者生長在樹木較低處的葉片。但是，也發現牠的牙齒齒庫構造並不是非常發達，因此消化效率可能也不是很好。

那是隻在房間裡心滿意足打盹的寵物狗。原角龍也如同夥伴一樣居於此處，似乎很幸福的樣子。大家是否也能想像牠被房子主人輕撫的樣子呢。沒有角的角龍亞目恐龍——原角龍，是成年後也只有大約2m的小型恐龍。由於曾經發現嬰兒恐龍集團，因此可以想見牠們是採用集團育嬰的方式生活。另外，曾經發現牠們正與可能是來襲擊巢穴的伶盜龍（迅猛龍）正在格鬥的化石，可以想見牠們保護同伴的情感也非常強烈。由於牠們有這樣的習性，因此也被稱為「白堊紀羊群」。

萬里無雲朗朗藍天下，正是適合洗衣晾衣的日子。一口氣把堆積的衣服洗完了，一字晾開來真是令人心情愉快。劍龍亞目的銳龍用牠那長長板釘代替了曬衣杆，正在幫忙呢。以劍龍的外觀比例等來看，銳龍應該是與米拉加亞龍血緣較為接近的恐龍。牠的學名意思是「有蜥蜴尾巴的」，從脖子一路向下、排列到腰部左右的骨質平板，似乎是為了保護自己不受生長在腰部到尾巴的板釘傷害。以骨骼的結構上來說，可以推測牠主要的食物是覆蓋在地表的植物。

背上的板釘正適合用來晾衣服？

DATA

分類：鳥臀目劍龍亞目

食性：草食性　**時代**：侏儸紀

主要棲息地：歐洲

身長：約9m　**體重**：約5t

在19世紀發掘出來的銳龍化石當中，發現了寬約1.5m左右的骨盆，推測這是劍龍亞目的恐龍當中最大的一種。銳龍的化石大多是在西歐各地被發現的。

銳龍
Dacentrurus

厚頭龍
Pachycephalosaurus

DATA

分類：鳥臀目厚頭龍亞目
食性：草食性
時代：白堊紀
主要棲息地：北美洲
身長：約4.5m　**體重**：約450kg

厚頭龍長長的尾巴具備強韌的肌腱補強，因此能夠像直線一樣浮在半空中。推論牠會利用尾巴來取得身體平衡，迅捷地以兩腳步行方式移動。原本頭部突起形狀大多被認為是用來撞擊，但也有些人認為其實是為了助跑。

坐禪的思想，現在無論是在東方或者西方，都非常地受歡迎，有各式各樣的人會坐禪。在這間寺廟裡，坐禪的並非僧侶或者日本人，而是有著平頂又非常堅硬頭部的厚頭龍。

其最有名的特徵，就是那巨大的頭部。牠那膨脹成宛如蛋型般的頭蓋骨，厚達約25cm。這個特徵和現今哺乳類當中的羔羊及山羊等非常相似，因此被認為可能是在爭奪母恐龍時用來撞擊同類的。但是，渾圓的頭部並不適合用來撞擊，化石標本上也完全沒有裂痕，因此最近的看法認為，這比較有可能是展示給同族看的裝飾品。宛如和尚一般垂下頭部的厚頭龍，究竟是要讓其他恐龍看看牠的頭呢、還是正準備要衝過來呢，大概只能靜下心坐禪想想吧。

堅硬的圓頂頭 宛如僧侶

背負著劍山
緩步前行

劍龍

Stegosaurus

位於郊外的道路，是運送物資的用路，也是人們來來往往的生活用道路，扮演著非常重要的角色。因此，有許多車輛為了走向形形色色的目的地，在路上錯身而過。在這條路上與大型遊覽車擦身而過的，是劍龍。

劍龍是一種草食性恐龍，特徵就是背上有著巨大菱形的骨板。牠雖然是非常溫和的恐龍，但是尾巴的尾端長有4根板釘，一般認為應該是用來防禦天敵肉食性恐龍。由於研究發現牠背上的骨板內部，有用來讓血管通過的溝槽，因此骨板是用來調節溫度的說法較為有力。另外很可能會以血流調整來使顏色產生變化，用來做為威嚇或者求愛的工具。緩步慢行在道路上的劍龍，是不是為了尋找母恐龍而正走向隔壁城鎮呢？

DATA

分類：鳥臀目劍龍亞目

食性：草食性

時代：侏儸紀

主要棲息地：北美洲

身長：約6.5m　**體重**：約3.5t

劍龍的身體大小和公車差不多，但是啃咬物體的力道卻非常弱，以電腦來模擬運算的結果發現，就算是臼齒，咬合力也只有大概275N（牛頓）上下。大概只有人類咀嚼力道的1/3左右。

釘狀龍

Kentrosaurus

DATA

分類：鳥臀目劍龍亞目

食性：草食性　　時代：侏儸紀

主要棲息地：非洲

身長：約4.5m　　體重：約2t

劍龍的骨板似乎是用來調節體溫的，但是釘狀龍的骨板一般被認為是防禦專用。這應該也和牠的身體大小有關係。另外，牠的腰部附近還有彎曲的刺。

背上的骨板正適合給孩子當遊樂器材？

有孩子們在公園裡玩。但孩子們攀爬的遊樂器材竟忽然走動了起來。其實這是貌似遊樂器材的釘狀龍。牠的樣子雖然與劍龍非常相似，但是大小只有約莫一半左右。牠背上的骨板也是從腰部開始往下就變成板釘的形狀。嘴巴是喙型，這和一般劍龍亞目的恐龍不太一樣，而且牠的牙齒也只有七個像是牙齒般的突起物。因此推測牠應該是喜歡地表上的柔軟植物。另外和前肢相比，牠的大腿骨非常地粗，因此恐怕不是很擅長跑步、應該是不怎麼活潑的恐龍。

鬥牛場的比賽場上，女鬥牛士剛走進場地，立刻引起觀眾熱烈歡呼。但要比鬥的對象一走出來，場內卻轉為鴉雀無聲。宛如重型戰車一般的甲龍亞目恐龍——包頭龍，看起來可不是那麼好惹的對象。包頭龍最大的特徵，就是覆蓋在牠身體外層的堅硬裝甲、以及滿布在裝甲外的角狀突起。另外，尾巴的尾端上還有個像是錘矛般的骨質圓盤，一般認為這讓牠能夠在水平方向維持強而有力的揮打。但從牠的小牙齒形狀來判斷，牠應該還是比較喜歡柔軟植物的溫和恐龍。

雖然很溫和，但打起來卻很危險！

DATA

分類：鳥臀目甲龍亞目

食性：草食性　**時代**：白堊紀

主要棲息地：北美洲

身長：約6m　**體重**：約2.5t

由於包頭龍的鼻孔是橫向細細長長的樣子，因此非常可能有著極為優秀的嗅覺，推測可以非常快察覺天敵肉食性恐龍接近。正因為牠有裝甲和敏銳的嗅覺，所以才能在大量恐龍進化的白堊紀當中生存下來。

包頭龍

Euoplocephalus

背上堅硬的鎧甲
幾乎都是岩石!?

為了挖掘恐龍化石，我們來到這座岩山，調查隊忽然發現了什麼。有什麼正看著我們！附近完全沒有其他人的氣息。這時候，巨大的岩石忽然動了起來。將身體擬態成為岩石的甲龍現身在大家面前。

甲龍的身體非常龐大，而牠那宛如盔甲一般厚實堅硬的背部，上頭還有著數不清的角。頭部的骨骼也有著相當的厚度，還長著四支三角形的角。牠的防禦能力非常高，可以推測就連肉食性恐龍都不太會將牠做為獵捕對象。尾巴是牠最大的武器，前端還有著宛如錘子一般的骨塊。近年來的研究當中發現，牠的尾巴力道最大能達到364～718MPa，推測牠具有能夠輕易將天敵腿骨粉碎的破壞力。

DATA

分類：鳥臀目甲龍亞目

食性：草食性

時代：白堊紀

主要棲息地：北美洲

身長：約10m　**體重**：約6t

牠的牙齒非常虛弱，無法咬斷食物、又或者是咀嚼，因此只能將吃下的植物直接吞進肚裡。為了要維持那巨大的身體，推測牠一天需要大約60kg的蕨類植物。

甲龍
Ankylosaurus

與動物比較大小③

河馬與三角龍、劍龍、甲龍

防禦系的草食性動物身軀龐大

在草食性動物當中，防禦能力優秀的種族有許多身軀龐大的動物。以現今動物來說，最具代表性的就是河馬了吧。河馬的體長大約４ｍ。牠的身體被非常厚實的脂肪覆蓋，那特別發達的下巴肌肉及巨大的口腔、長達50cm的犬齒，都是牠的武器。

劍龍比河馬大了許多，全長大概是６・５ｍ左右。牠的武器則是尾巴前端的尖銳板釘。三角龍的全長也長達８ｍ，武器則是頭上的三支角。甲龍體長推測可以達到７ｍ左右，而那像盔甲一般的鎧甲外皮以及尾巴的骨塊就是牠的武器。防禦系的草食性動物，特徵除了牠們龐大的身軀以外，就是牠們的獨門武器了。

角龍亞目

劍龍亞目、甲龍亞目

站起來比一比身高吧

有些動物平常是用四隻腳走路的，但在警戒敵人的時候就會立刻用後腳站直。現代動物當中作為比賽代表的是北極熊，體格較大的雄性北極熊在站起來的時候會高達２５０cm。但是近年來由於地球暖化的影響，也有些報告指出北極熊的體型越來越小了。

全長７~９m的鳥腳亞目恐龍禽龍站起來大概是６m左右。由於牠們的牙齒與鬣蜥很像，因此發現的時候大家一直認為牠們是用四隻腳走路。牠們的夥伴鴨嘴龍也是差不多的大小。另外，鳥腳亞目的副櫛龍則大了一圈，全長約10m。一般推測牠們站起來應該是高５m左右。

與動物比較大小④

北極熊與禽龍、鴨嘴龍、副櫛龍

在故鄉現身的鴨嘴龍

鵡川龍

Kamuysaurus

DATA

分類：鳥臀目鳥腳亞目
食性：草食性
時代：白堊紀
主要棲息地：日本
身長：約8m　**體重**：約4t

2003年在鵡川町穗別地區約7200萬年前的地層中發現了鵡川龍的尾椎骨，自2013年開始正式挖掘。這很有可能是鴨嘴龍的新品種，目前正在調查中。（譯註：2019年9月已確定為鴨嘴龍新品種，正式命名學名為「Kamuysaurus japonicus」）

以恐龍化石聞名的鵡川町（舊穗別町）主要幹道、那兩旁種植著水杉的清新街道上，有隻鴨嘴龍正昂首闊步走著。牠悠哉地眺望著四周、以溫和的表情嗅著空中的氣息。鵡川龍似乎正在享受久久未曾回歸的家鄉味呢。牠的身體高度只有4m左右，大概是正好能窺看公寓二樓的高度吧。牠是在日本國內發現的最大恐龍。鵡川龍應該是屬於鴨嘴龍的一種，牠的嘴喙當中有幾百個發達的臼齒，可以推測牠會將葉片及小樹枝磨碎食用。平常會用四隻腳走路，不過如果要從天敵肉食性恐龍身邊逃開的時候，很可能會用兩隻腳奔跑。在這充滿自然景觀及溫泉的鵡川町環境中，太古的鵡川龍應該過著非常自由豁達的生活吧。

禽龍
Iguanodon

用那靈巧的手捏起喜歡的食物偷吃掉!?

這間蔬果店位在顧客往來熱鬧非常的商店街上。正走過來的是鳥腳亞目的禽龍，咻地便拿起了蔬菜囫圇吞下。蔬果店的老闆雖覺得傻眼卻也不好說些什麼。禽龍一臉稀鬆平常、繼續物色下一個要拿什麼。

禽龍嘴喙的深處有數百個發達的臼齒，只要挪動上顎關節，就能夠將放進嘴裡的大量植物給磨碎。而要以高效率來收集這些植物，就必須靠牠形狀獨特的手了。牠的拇指骨長達15cm、如果再加上前端的爪子，那麼就更長了。一般認為禽龍可以靈活運用牠長長的拇指和柔軟度很高的小指，將葉片攏集在一起。要捏起眼前堆積如山的蔬菜，對禽龍來說實在是件小事。

DATA

分類：鳥臀目鳥腳亞目

食性：草食性

時代：侏儸紀～白堊紀

主要棲息地：歐洲

身長：約7～9m　**體重**：約5t

一開始發現的牙齒，特徵就和現在爬蟲類中的鬣蜥（譯註：學名Iguanidae）牙齒一致，因此學名也被命名為「Iguanodon」，意思就是「鬣蜥的牙齒」。因為這也會讓人聯想到牠拇指的骨骼、以及鼻尖上的角。

扇冠大天鵝龍

Olorotitan

宛如鳥類的頭冠與面孔 就像一隻巨大的公雞

DATA

分類：鳥臀目鳥腳亞目

食性：草食性　**時代**：白堊紀

主要棲息地：俄羅斯

身長：約8m　**體重**：約5t

扇冠大天鵝龍的頭冠內部是空洞，與鼻腔相連。有研究認為這個結構能夠提高牠的嗅覺敏銳度、並且產生共鳴以發出較大的叫聲等。另外由於形狀特殊，也可能具備用來在夥伴之間辨識個體的功能。

日落時分看門犬及放養的雞隻的鳴叫聲響徹周遭，這兒是一片安穩祥和的農場景色。動物們都打算回自己的巢中。看來混在牠們之間的扇冠大天鵝龍，也正打算回自己的住處呢。又或者牠其實就和雞群們住在一起呢？扇冠大天鵝龍有著像是公雞一般的頭冠，在同為賴氏龍屬的品種中，只有牠的頸椎多達18個（鴨嘴龍最多為15個），脖子比其他夥伴都來得長，因此牠的學名也是「巨大的天鵝」的意思。嘴巴為較寬的嘴喙、臉的寬度也較窄，面貌看起來就很像是鳥類。

今天公園裡也到處都是帶著孩子的爸媽。看起來玩得非常開心的親子真令人不禁會心一笑，但是不辭辛勞帶小孩的，可不是只有人類。

慈母龍的學名也和中文名稱相同，是「好媽媽蜥蜴」的意思。目前找到的化石的身旁就有盛裝了20～25個卵的坑狀巢穴，附近還有好幾個孩子的化石。小朋友的腳雖然還沒發育成可以走路，但牙齒已經有損耗，表示牠們在巢中會吃較硬的葉片。可以想見應該是慈母龍的爸媽會為了小孩，將糧食帶回巢穴。

恐龍親子也在公園裡散步？

慈母龍
Maiasaura

DATA

分類：鳥臀目鳥腳亞目
食性：草食性　**時代**：白堊紀
主要棲息地：北美洲
身長：約9m　**體重**：約5t

剛孵化出來的寶寶慈母龍大概是50cm左右。成體由於超過3t非常巨大，因此牠們不會孵卵，推測應該是把葉片蓋在卵上，以發酵熱來為卵保溫。小孩在長到1m以前似乎都會在巢穴中生活。

在交響樂團尚未開始練習的音樂廳中，有位新團員早了一步進場。恐龍界的知名演奏家副櫛龍，看起來是非常願意挑戰，不過牠真的能讀懂樂譜嗎？

副櫛龍最大的特徵，就是由頭部突起往後方延伸、長約1m80cm左右的頭冠。內部的管道與鼻腔相連，因此進入鼻腔的空氣會在頭冠當中繞一圈送回喉嚨。先前對於這個頭冠究竟有什麼樣的功能一事各方眾說紛紜，近年來較為有力的說法認為這是一種共鳴器，能讓叫聲在當中回響，使副櫛龍可以發出有如木管樂器中的低音管般的聲音。由於目前認為副櫛龍並非群居，而是獨自生活，因此這很有可能是為了呼喚遠方的同伴而發展出來的功能。

DATA

分類：鳥臀目鳥腳亞目

食性：草食性

時代：白堊紀

主要棲息地：北美洲

身長：約10m　　**體重**：約6t

以往曾有人認為頭冠是像浮潛的空氣管那樣，用來讓副櫛龍潛入水中的，但從化石的胃部內容物看來，副櫛龍是完全的陸上草食性恐龍，只有吃食地面上的植物、葉片以及樹枝。

以巨大頭冠來演奏聲響的名演奏家？

副櫛龍

Parasaurolophus

天宇龍
Tianyulong

DATA

分類：鳥臀目鳥腳亞目

食性：草食性　**時代**：侏儸紀

主要棲息地：亞洲

身長：約70cm　**體重**：30kg

牠的羽毛內部為空洞，似乎非常堅硬的樣子。長度大約6cm，每支都獨立存在、並無分支。正是這個發現使人認為，最初期的恐龍們身上覆蓋有一種纖維構造的原始羽毛。

小小的恐龍是孩童們的好朋友？

對於孩子來說，一起過生活的寵物幾乎就是他們最好的朋友。不管是吃飯的時候、睡覺的時候又或者遊玩的時候都在一起。今天軟綿綿的天宇龍也正和主人一起玩水呢。

在中國發現的天宇龍，有著70cm的細長身體與長尾巴、是有著犬齒般細長牙齒的恐龍，從牠的脖子到尾巴都長著長長纖維樣子的羽毛。天宇龍是屬於畸齒龍屬的恐龍，一般推測這種恐龍是草食或者雜食性。

牠可能是一種剛好可以給人類當寵物，像是小狗一樣的恐龍。

這裡是日本最北端，北海道的宗谷岬。在天氣晴朗的時候，能夠從這乾淨整齊的公園看到大約距離43㎞遠的俄羅斯庫頁島。現在正從公園裡一臉懷念地眺望著那一頭的，正是鴨嘴龍科的日本龍。

牠是在二次大戰前的1934年，那曾被稱為樺太的日本領土，也就是現在的庫頁島上被發現、並且首次由日本人決定學名的恐龍。關於日本本土無法挖掘到恐龍化石這個說法，一直維持到戰後，因此從前日本龍就是唯一的恐龍。雖然庫頁島目前已成為俄羅斯的領土，但恐龍的學名並未改變。

在日本（樺太）首次發現的恐龍

日本龍
Nipponosaurus

DATA

分類：鳥臀目鳥腳亞目
食性：草食性　**時代**：白堊紀
主要棲息地：樺太
身長：約4m　**體重**：約1t

在樺太的煤礦設施內的醫院建設現場，發現了牠全身大約60％的化石。從前一般認為日本龍是小型的恐龍，但是後來重新研究牠的化石以後，發現當時挖掘出來的化石非常有可能是還沒有完全長大的個體。

福井龍
Fukuisaurus

福井的恐龍們是否也會探訪東尋坊？

DATA

分類：鳥臀目鳥腳亞目
食性：草食性　**時代**：白堊紀
主要棲息地：日本
身長：約4.7m　**體重**：約450～900kg

在發現福井龍的同一個挖掘現場當中，還發現了特徵不同的禽龍屬恐龍——高志龍的化石。這是日本第一次在同一個挖掘現場當中，找到不同的禽龍。

在東尋坊那高約25m的垂直懸崖上，矗立著巨大的影子……該不會是被逼到盡頭的犯人吧!?正這麼想著，就發現那其實是福井龍。如同字面所述，牠是在福井縣發現的草食性恐龍。牙齒的特徵和其他禽龍屬的恐龍非常相似，但上顎骨的構造是牠最獨特的地方，因此2003年將其視為新種並加以命名。推測牠與生存在同一個時代的肉食性恐龍——福井盜龍應該會展開弱肉強食的生存攻防戰。這裡是以懸疑連續劇聖地聞名的東尋坊，也許以前曾有福井龍在這兒散步呢。

鵡川龍究竟是？

在日本出土、幾乎是全身完整的骨骼標本！

在穗別博物館當中，只有展示鵡川龍的化石尾椎骨及尾巴的部分。鵡川龍體長約8m。這是目前日本最大的全身骨骼恐龍。

1 m

全身大部份完整保留的恐龍化石

北海道鵡川町穗別地區，自以前便是出產白堊紀菊石化石的地方。2003年在這裡發現了鴨嘴龍科的化石，以此為契機，8年後也就是2011年，鵡川町立博物館發起了挖掘該鴨嘴龍全身骨骼化石的企劃小組。

之後於2012年，先前鑑定化石的北海道大學綜合博物館小林快次先生以及鵡川町立穗別博物館的館員們在挖削發掘現場的時候，找到了新的骨骼化石。翌年五月，找到了比先前發現的骨骼更大的尾骨。

在歷經2013年3月的第1次挖掘行動、以及翌年9月的第2次挖掘調查後，判斷已經採集到大部分的骨骼，因此開始進行清除化石周邊多餘岩石的清潔工作。這批在日本出土、保存極為良好的鴨嘴龍化石，自2016年起被稱呼為鵡川龍，同時於2019年9月正式命名學名為「Kamuysaurus」。

2018年時完成清潔工作。骨骼化石當中可以明確判別部位的就佔了全身的六成（以骨骼數量計算）至八成（以骨骼體積、份量計算）左右。

在穗別博物館內，有生存於中生代白堊紀後期的滄龍和類生態復原模型等展示。

1982年開設的穗別博物館。外觀是非常時髦的設計。

2013年第一次挖掘的樣子。

翼龍目
海生爬行動物

Pterosauria・Ichthyosauria・Plesiosauria

大小比較

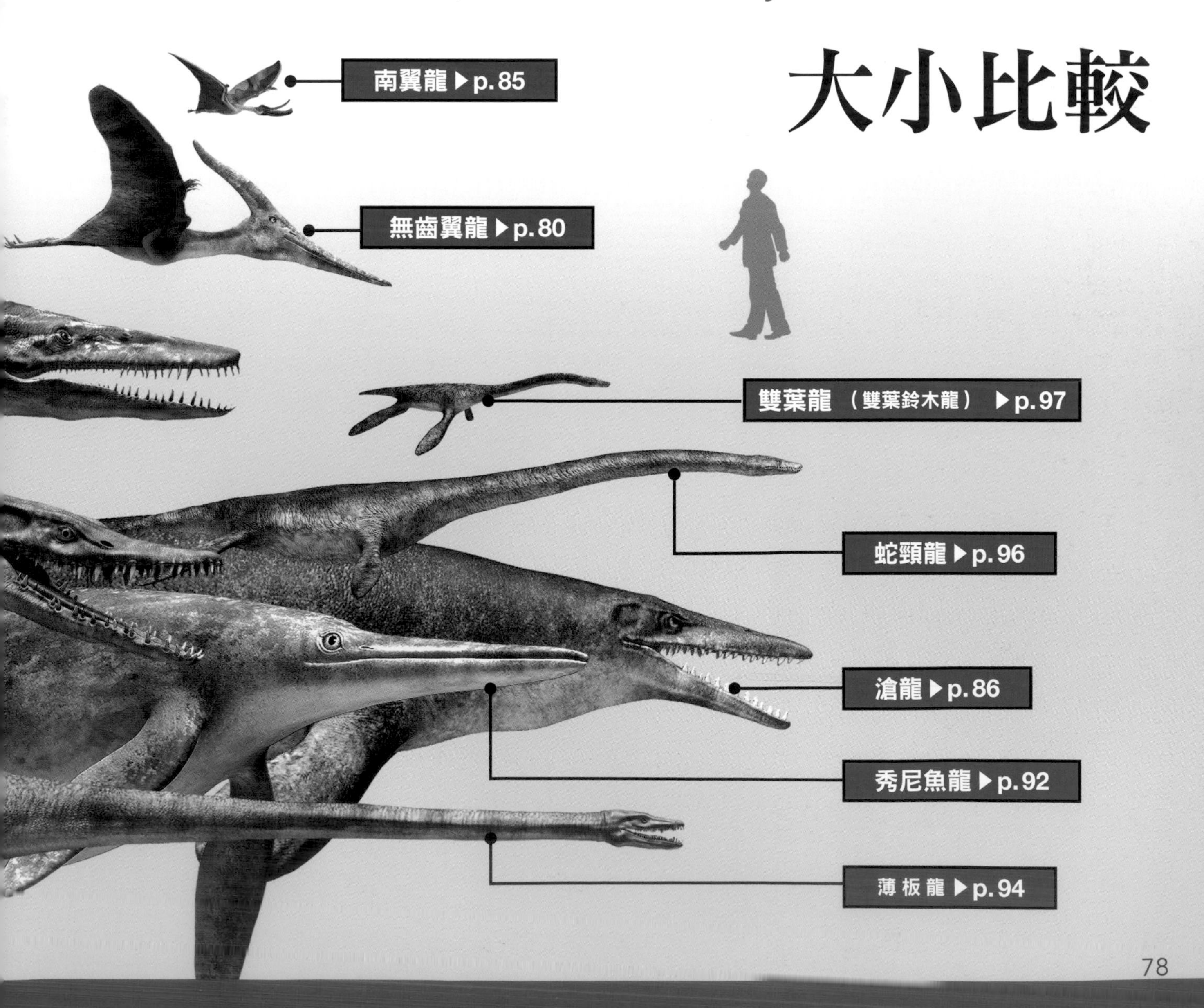

與恐龍生存在相同時代的空中與海中爬蟲類

翼龍目的動物及海生爬行動物都和恐龍生存在相同的時代、外觀看上去也與恐龍十分相似，但其實和恐龍是不一樣的生物。翼龍目的生物在三疊紀左右就已經和恐龍分支獨立發展進化，而魚龍目和蛇頸龍屬的生物也都不是恐龍，而是被分類在「海生爬行動物」當中。無論是以上哪種生物，都是和恐龍一樣在白堊紀末期滅絕。

優雅翱翔天際的姿態 宛如滑翔機一般

無齒翼龍

Pteranodon

DATA

分類：翼龍目

食性：食魚

時代：白堊紀

主要棲息地：北美洲

身長：約6～7m　**體重**：約16kg

牠的嘴喙既長又尖，但當中並沒有牙齒。學名的「Pteranodon」意思就是「沒有牙齒的翼龍」。推測牠的主食應該是魚類，因此很可能並不咀嚼獵物，而會直接一口吞下。

在蔚藍海洋上是一片晴朗無雲的天空。正是適合空中運動的天氣。不知是否覺得那無聲滑翔的滑翔機是自己的夥伴呢，屬於翼龍目的無齒翼龍優雅地在空中翻轉了一圈之後靠了過來。無齒翼龍是翼龍目動物中最大的幾種之一，張開雙翼的大小和公車差不多長，約９ｍ。但是，為了要能在空中飛翔，牠的身體非常輕盈，似乎只有16kg左右。這是由於牠的骨骼為中空、非常地輕，並且身體的骨骼也非常迷你。肌肉也控制在最小限度，因此牠無法強力揮動翅膀來離陸，只能從海岸懸崖上一躍而下，利用上升氣流來滑翔。另外，根據研究也判斷牠應該無法在陸地上快速移動。

牠那巨大又輕盈的身體，飛翔方式就像是滑翔機一般，也可以理解牠為何會對滑翔機產生興趣了。

巨大翼龍 與水上機組隊飛行

在湖面上，水上機正優雅地飛翔著。而它身旁有隻巨大的翼龍一同飛行迴轉。這是張開雙翼長達11m、地球史上最大的飛行生物之一——風神翼龍。牠也許喜歡上了水上機而試圖接近它吧。風神翼龍被認為在陸地的時候會靠四隻腳步行。體高和現在的哺乳類動物長頸鹿差不多，大約是5m左右，可能也會吃小動物或者恐龍的幼體。為了能夠有和鳥及飛機翅膀相同的揚力，牠具備效率極高的圓弧型翅膀，體重也大約只有偏輕的200kg左右，因此離陸的時候視情況可能會自己助跑後飛起。這種巨大的翼龍一直生存到白堊紀後期恐龍滅絕的時期，可以想見應該是翼龍最終進化型態的一種。

DATA

分類：翼龍目
食性：肉食性
時代：白堊紀
主要棲息地：北美洲
身長：約11m　**體重：**約200kg

頭部長約3m、身體則只佔了1/4左右，是令人感覺非常不平衡的體型，但是風神翼龍卻能好好取得平衡，飛翔時可達時速約60km。

風神翼龍
Quetzalcoatlus

兇暴且強而有力！君臨海洋生態系統的頂點

滄龍

Mosasaurus

DATA

分類：有鱗目

食性：肉食性

時代：白堊紀

主要棲息地：歐洲、北美洲、亞洲

身長：約15m　**體重**：約40t

滄龍有著宛如鱷魚般拉長的頭部、強而有力的上下顎深處有大量彎曲且尖銳的牙齒。另外，也有前端較圓、適合用來咬碎物品的牙齒，也有發現過被這種牙齒咬傷的菊石殼化石。

在平穩的海灣內有兩艘快艇並排。莫非是賞鯨的遊覽船嗎？忽然海面噴出一道水花，有個大型生物一躍而上。這是海生爬行動物中的滄龍。其實這兩艘船可是冒著生命危險的賞滄龍觀光船呢。這種體型和抹香鯨幾乎一樣大、又像是鱷魚般的爬蟲類，有著強而有力的上下顎及牙齒，且具備極為快速的游泳力量，在當時可是最強的海洋生物。近年來的研究當中發現，牠可能有發達的背鰭以及新月型的大尾巴，可以自由自在於海洋當中來回游動，捕食魚類、烏賊、菊石、海龜等動物。

也曾經發現一些滄龍化石上有被攻擊的痕跡，但既然滄龍本身是當時生態系統的頂點，那麼就比較有可能是同類為了爭奪地盤、或者牠們有同類相食習慣，簡單的說這表示滄龍之間可能也會互相鬥爭。

可以在水族館觀賞牠們!?最兇惡的巨大海洋生物

滑齒龍

Liopleurodon

DATA

分類：蛇頸龍屬

食性：肉食性

時代：侏儸紀

主要棲息地：歐洲

身長：約10～12m　**體重**：不明

雖然牠生存在侏儸紀後期，但是因為只發現了頭部和牙齒的一部分等，化石的數量非常稀少，能夠證明其五花八門生態假說的材料實在太少了，因此對人類來說這是有點夢幻的蛇頸龍。另外標本當中也有19世紀時發現的東西。

在水族館的大水槽當中，鯨鯊和巨大的魟魚正在水中悠遊泅泳。當中比牠們都大了一圈的，正是蛇頸龍屬的滑齒龍。其實牠原本是屬於食物鏈頂端的獵食者，不知是否因為待在水槽裡會有人餵食牠，因此看起來還挺溫順的。但是，總覺得牠還是看著客人們偷舔了一下舌頭……。

滑齒龍屬於脖子較短的蛇頸龍，頭部大且又重又厚。牠有著像鱷魚一般結實的上下顎，裡頭排列著圓錐形的尖銳牙齒；巨大的眼窩當中具備視力良好的眼睛、且在水中也能發揮能力極高的嗅覺，因此可推測牠們應該是具有出類拔萃獵捕能力的終極戰士。雖然牠們並沒有尾巴，但是體形是適合游泳的流線型，推測四肢那巨大的鰭應該也能產生非常強大的推進力。這是讓人絕對不想在牠餓肚子時遇上的兇猛海洋生物。

達克龍

Dakosaurus

太古時期的鱷魚可是最擅長游泳比賽了

DATA

分類：鱷魚（鱷目）

食性：肉食性　**時代**：侏儸紀～白堊紀

主要棲息地：歐洲、中南美洲

身長：約4m　**體重**：約400～500kg

達克龍的口吻處和其他食魚性的海生爬行動物那細長形狀不太一樣，而是短又強而有力、且非常結實。牠的學名就是指那尖銳的牙齒，意思是「可猛烈撕裂物品的蜥蜴」。

夏季運動中特別受到矚目的運動之一便是游泳比賽了，大家也知道他們需要經過激烈的練習。而負責擔任練習夥伴的，正是那以其巧妙游泳姿態帶領選手前進的達克龍。達克龍是現在已經滅絕的海生鱷魚的夥伴，具有流線型的身體及四片槳形的鰭，可以使用宛如魚尾般的尾鰭發揮優秀的游泳能力，是水中的獵人。長達10㎝的巨大牙齒是能夠撕裂肉塊的鋸齒，因此可推測牠會捕食其他海生爬行動物。可以的話還是不想和牠一起下水呢。

小島的海岸邊擺著被捕撈上岸的鮪魚。近海鮪魚的味道非常好。證據就是巨大蛇頸龍當中的克柔龍正在海岸線上徘徊，試圖等待殘渣掉落。克柔龍的頭部長將近3m、尖銳的牙齒最大可達25cm，還有能夠咬碎堅硬貝殼或骨骼、稍加圓潤的牙齒。從化石的胃部的內容物當中發現了魚類和其他海生爬行動物、無脊椎動物等，可以推測牠幾乎什麼都吃。另外牠可能會用長近1m的四支鰭腳高速游泳，也很可能和現在的虎鯨一樣，可以非常接近陸地的邊緣。

上陸到岸邊來的海中貪吃鬼

克柔龍

Kronosaurus

DATA

分類：蛇頸龍屬

食性：肉食性　　**時代**：白堊紀

主要棲息地：澳洲

身長：約12m　　**體重**：約50t

學名當中的「Kronos」是希臘神話中出現的主神宙斯的父親，也是巨人族的國王。由於他的故事是將自己的孩子一個個吞下，因此以他的名字來為這個有這巨大嘴巴又兇猛的「克羅諾斯般的蜥蜴」命名為克柔龍。

魚龍界的怪傢伙很擅長衝浪!?

DATA

分類：魚龍目
食性：肉食性　**時代**：三疊紀
主要棲息地：北美洲
身長：約15m　**體重**：約25～35t

2016年的時候，在英國薩默塞特郡發現了推測最大體長可能達到25m左右的秀尼魚龍部分化石。這是和歷史上最大動物，哺乳類的藍鯨同等的大小。

秀尼魚龍
Shonisaurus

在烈烈日光下，一陣好風吹出了大浪。這麼大的波浪，一年可等不到幾次。

但是苦苦盼望這一天的可不只有衝浪客。屬於魚龍目的秀尼魚龍可也正玩得開心呢。有著圓滾滾身體的秀尼魚龍，是目前已發現的魚龍當中體型最大的種類，牠的特徵是那獨特的四支鰭前後都一樣長、有著細長嘴巴、以及大大的眼睛。但是牠的牙齒非常虛弱，並且只生長在上下顎部的前方部分。由於其特殊的體型及生態，判斷牠可能是脫離了魚龍進化路線的生物。

拖曳釣具似乎被什麼東西用力拉動著，花了好幾個小時拉上來一看，居然釣到了海豚!?不對，這是魚龍屬當中偏小型的的魚龍哪。牠是有著像海豚一樣流線形狀的身體、以及巨大背鰭的海生爬行動物。但是牠的鰭腳有前肢和後肢總共四片。另外尾鰭的形狀也不像海豚那樣，而是像鯊魚那種垂直上揚的半月形。分析魚龍的化石可以推測牠具有優秀的聽覺及視力，而由牠的糞便化石中則找到了主食，應該是魚類及烏賊等。

那被釣上來的是形似海豚的魚龍

DATA

分類：魚龍屬

食性：肉食性　**時代**：侏儸紀

主要棲息地：歐洲、北美洲、亞洲

身長：2～3 m　**體重**：約 90 kg

剛開始研究魚龍的時候，認為牠會在產卵時期上到陸地上來。但之後找到了肚子裡有胎兒的化石，因此得知牠是將卵留在肚子裡孵化的卵胎生動物。

魚龍

Ichthyosaurus

薄板龍
Elasmosaurus

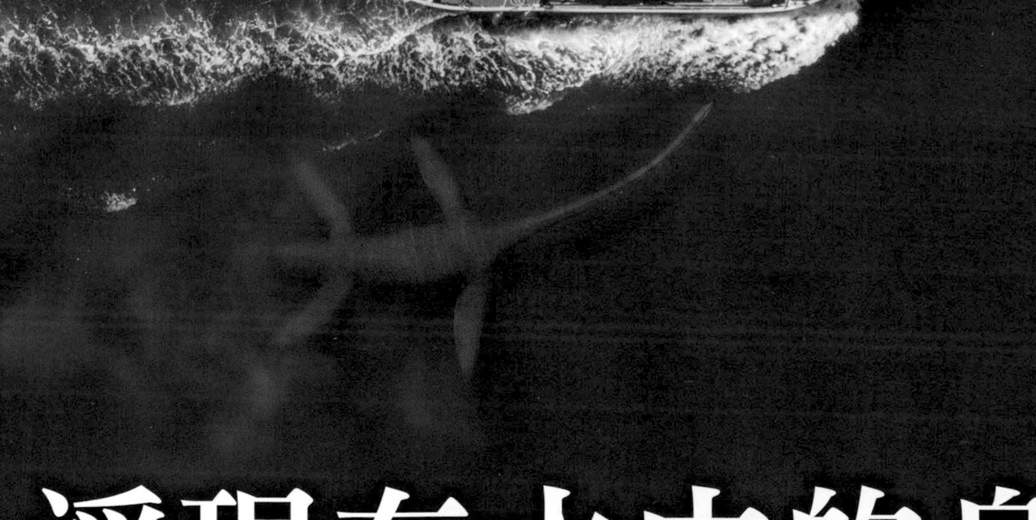

浮現在水中的身影
難道就是UMA？

DATA

分類：蛇頸龍屬

食性：肉食性

時代：白堊紀

主要棲息地：北美洲

身長：約14m　**體重**：約2t

在牠的胃石當中發現當中混有距離該化石發現地非常遙遠之處的石頭，因此得知牠應該有洄游到遠處的習性。牠的胃石大多是淡水區域的東西，應該是把河底已經磨圓的石頭整個吞到肚裡。

這是一艘在大西洋上航行的大型海洋調查船。聲納偵測到海面下有個大型物體。這該不會就是大航海時代以來一直有人目擊到的UMA（未確認生物）當中的大海蛇吧？其實這個謎團般的神秘生物，是蛇頸龍當中的薄板龍。牠有著宛如蛇一般的長脖子，頸椎骨約有75個，全身長度有一半都是脖子。牠會在水中快速挪動著牠長長的脖子，藉此捕獲牠要獵捕的魚類。主食是魚、烏賊、菊石等，不過從化石的胃部當中發現了翼龍，一般認為這應該是在接近海面處吃的。另外從化石當中也發現了幫助消化用的胃石，推測這可能也是用來調整浮力平衡的工具之一。牠在游泳的時候為了降低水中阻力，應該會把脖子伸得直直的，這會不會就是從海面只伸出脖子的大海蛇真相呢？

蛇頸龍
Plesiosaurus

是什麼東西偽裝成天鵝船的樣子？

DATA

分類：蛇頸龍屬
食性：肉食性　**時代**：侏儸紀
主要棲息地：歐洲
身長：約3m　**體重**：約300～450kg

在蛇頸龍的化石當中，有一個在該個體的腹部上有幼體重疊在一起的狀態，因此牠們非常有可能是在體內讓卵孵化以後，使其以小嬰兒狀態出生的卵胎生動物。

這裡是有大批遊客聚集的自然公園湖泊。一心一意等待著客人來搭乘天鵝船的，正是偽裝成天鵝船樣子的蛇頸龍。不過說老實話，牠應該是在等餌食吧。蛇頸龍的脖子比身體還要長，在那細長的顎口當中有著可以用來捕捉獵物的尖銳圓錐形牙齒。不過，實際上蛇頸龍的脖子並不會這樣扭曲，而是伸的直直的，主要是往下方彎曲、在海底的堆積物當中尋找食物。要抬起頭來向人要食物，可能還是有點困難呢。

聳立在福島縣平薄磯上那有著白皙美麗外觀的是塩屋崎燈塔。正眺望著那燈塔的，就是雙葉龍。也許牠覺得那高聳直立的建築物其實是個同伴……。雙葉龍是日本國內第一隻發現的蛇頸龍。牠是薄板龍的近親，脖子很長、並且有細長顎骨及尖銳的圓錐形牙齒。牠雖然是海生爬行動物，但最一開始在平薄磯附近的大久川河岸上發現牠的化石時，由於先前各界一直認定日本沒有恐龍化石而引發了話題。

牠的學名也是從日文名字的發音取的。

DATA

分類：蛇頸龍屬
食性：肉食性　**時代**：白堊紀
主要棲息地：日本
身長：約6～9m　**體重**：3～4t

自發現起經過38年後，終於在2006年確認牠是新屬新種的蛇頸龍，也才正式命名學名為「Futabasaurus suzukii」。名字的「Futaba」是發現牠的地層，雙葉（Futaba）層群；「Suzukii」則是來自發現者鈴木（Suzuki）先生。

日本最初發現的蛇頸龍

雙葉龍

Futabasaurus

與動物比較大小⑤

狗、貓與伶盜龍、始祖鳥、近鳥龍、小盜龍

可愛的寵物尺寸的動物們

說是寵物尺寸，不知道動物們會不會生氣呢？但是現代的小型哺乳類和小型恐龍，外觀看上去就是很可愛啊。近年來比較受歡迎的玩具貴賓或者威爾斯柯基的平均體高大約是30㎝，是可以抱起來的大小。家貓也是差不多大小。另一方面，恐龍組當中的始祖鳥，若是不把牠的尾巴算進來，那麼大小約是25㎝。近鳥龍則更小，只有20㎝；小盜龍也只有大約30㎝，都非常小型。因為電影而十分有名的伶盜龍（迅猛龍）體高大約是1．7ｍ，在小型恐龍當中算是比較大的，但也有研究指出牠可能全身覆蓋羽毛，那麼小時候應該也滿可愛的吧。

比例給人神秘感的海中王者們

海中有巨大生物優游自在來回的景色，非常宏偉也帶著神秘感。目前的魚類當中最大型的是鯨鯊，長大之後可達10m。

另一方面，古生物組的大型海生動物並不是恐龍，而是海生爬行動物。代表選手滄龍體長大約是18m、蛇頸龍目的薄板龍則約為14m左右。這在尺寸上來說和鯊鯨差不多，因此也許能夠飼養在水族館的大型水槽或飼養池當中。

但是，因為牠們可能會吃掉一起在水槽中的其他魚類，所以要一起飼養可能還是有點困難!?

Column
希望大家能記得的知識！

在日本發現的恐龍

❸ 穗別荒木龍
（薄板龍科）

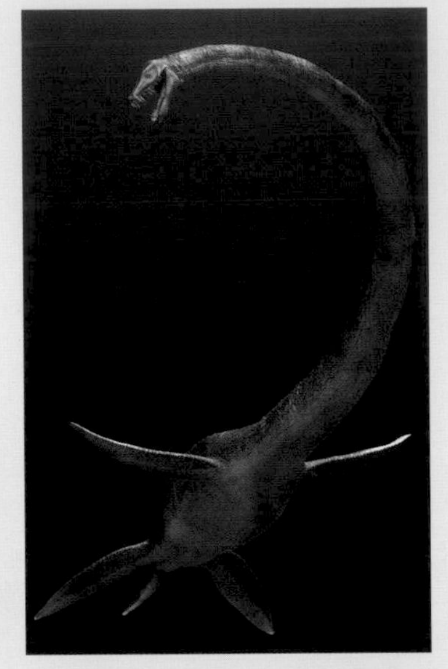

這是屬於蛇頸龍亞目薄板龍科的蛇頸龍，全長約8m。全身復原模型展示在穗別博物館當中。

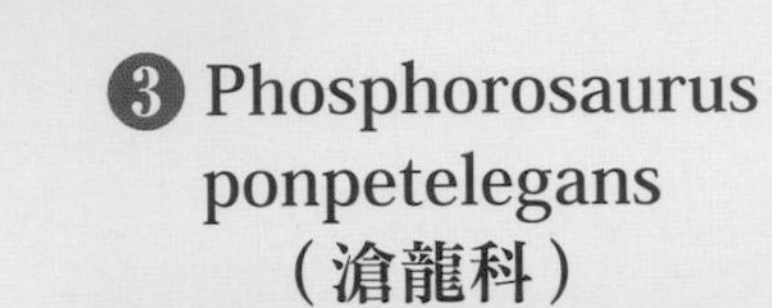

屬於滄龍當中已經滅絕的海生有鱗目動物。目前只知道在比利時及北海道鵡川町歲別地區個別發現的不同兩種。

❶ 北海道中川町（白堊紀後期）鐮刀龍等
❷ 北海道夕張市（白堊紀後期）甲龍等
❸ 北海道鵡川町（白堊紀後期）薄板龍、鵡川龍等
❹ 岩手縣久慈市（白堊紀後期）泰坦巨龍、盧骨龍等
❺ 岩手縣岩泉町茂師（白堊紀前期）茂師龍等
❻ 福島縣磐城市（白堊紀後期）雙葉鈴木龍等
❼ 群馬線神流町（白堊紀前期）棘龍等

雄霸天下 恐龍王國日本

有很長一段時間，日本都沒有發現恐龍化石。但自從１９７８於岩手縣發現了最初的恐龍，也就是被暱稱為「茂師龍」的化石以後，全國各地也陸續找到恐龍化石，目前最北到北海道、最南則到九州，如此廣大的範圍內都已經確認有挖掘到恐龍化石。

根據這些發現可以知道日本在侏儸紀後期至白堊紀後期，生存著各式各樣種類的恐龍。

❽ 富山縣富山市（白堊紀前期）獸腳亞目恐龍等
❾ 石川縣白山市桑島、目附谷（白堊紀前期）白峰龍等
❿ 福井縣勝山市、大野市（白堊紀前期）
Fukuiraptor kitadaniensis等
⓫ 岐阜縣高山市莊川町、大野郡白川村（白堊紀前期）禽龍等
⓬ 三重縣鳥羽市（白堊紀前期）鳥羽龍等
⓭ 兵庫縣丹波市（白堊紀前期）丹波龍等
⓮ 兵庫縣洲本市（白堊紀後期）鴨嘴龍等
⓯ 德島縣勝浦町（白堊紀前期）禽龍等

❿ Fukuiraptor kitadaniensis（異特龍總科）

這是被認為屬於異特龍總科的肉食性恐龍。牠是在日本找到的肉食性恐龍當中，第一個復原出全身骨骼標本的。

⓰ 福岡縣北九州市、宮若市（白堊紀前期）Adocus屬（譯註：已滅絕之水生龜類）等
⓱ 熊本縣上益城郡御船町（白堊紀後期）御船龍等
⓲ 熊本縣天草市御所浦町（白堊紀後期）獸腳亞目恐龍等
⓳ 長崎縣長崎市野母崎（白堊紀後期）鴨嘴龍等
⓴ 鹿兒島縣薩摩川內市甑島列島（白堊紀後期）角龍等

恐龍vs恐龍

力量、 速度， 最強的是誰？

哪種恐龍是最強的？哪種恐龍是最快的？為了回答恐龍粉絲們的這些疑問，一場穿越時代、超越地區的大戰開打了。最強恐龍，快現身吧！

力量對決
最強決鬥！

暴龍
VS
南方巨獸龍

暴龍

究竟最強恐龍是誰呢!?這是位居頂點的獵捕者暴龍以及南方巨獸龍的對決一戰。肉食性恐龍的頂點究竟是誰!?對決就從兩方的格鬥展開。

南方巨獸龍

必須讓對方降伏的格鬥戰，對於體型較大的南方巨獸龍來說比較有利。狙擊對方的喉嚨，以身體猛烈撞擊對方！

決勝關鍵不在於體格，而是上下顎的肌肉量！

對決看起來是體型較大的南方巨獸龍佔了上風，但是暴龍的身體較寬碩、且頭部骨骼非常結實。牠的咬合力據說是南方巨獸龍的3倍，給予對方致命一擊之後結束這場對決。

在排名當中，前幾名幾乎都是體型較大的肉食性恐龍，但除了體格以外，肌肉量較高且肌肉當中的骨骼較為結實者還是比較強悍。排名上的恐龍都具有各自的特徵及擅長的攻擊方式。

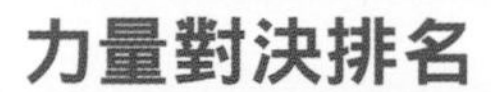

力量對決排名

1. 暴龍
2. 南方巨獸龍
3. 棘龍
4. 高棘龍
5. 異特龍

暴龍毫無畏懼地一口咬住了南方巨獸龍的頭部。牠將自己宛如鉗子一般的上下顎用力夾緊，終於使得交戰對手動彈不得！

目前為止發現的化石標本當中，兩隻最大的暴龍，分別是母暴龍「蘇」（全長約12m）以及公恐龍「史考提」（全長約13m），牠們現在正對峙著。火力全開的戰鬥一觸即發。這正是決定霸王龍最強王者的最後一戰。

番外篇 暴龍最強決戰！ 蘇 VS 史考提

史考提

蘇

史上最大霸王龍的公母對決開戰啦！

對決一開始，果然史考提的力量壓倒性地強大，但兩位似乎馬上就和解了，和樂融融的一起漫步離開。在化石研究當中，蘇被推測是28歲、史考提則是剛過30歲左右，兩隻的身體都有許多疾病留下的痕跡、以及受傷的疤痕。這兩隻暴龍都是度過了艱苦的生活努力活下來的。暴龍的研究當中指出牠們具有社會性，因此這兩頭暴龍若是遇到了對方，說不定還會互相安慰彼此生活辛勞呢。

史考提以其頸部的力量將蘇扳倒。這實在是非常有魄力的比賽。但是，牠看起來並沒有要致對方於死地。

速度對決
最強決鬥！
似鳥龍 VS 恐爪龍 VS 伶盜龍（迅猛龍）

這是場聚集了對自己腳力有信心恐龍們的高速競賽。究竟最快恐龍的稱號將獎落誰家!?首先體格小了一圈的伶盜龍（迅猛龍）一馬當先衝了出去……。

為了跑步而進化的羽毛恐龍們

跑得快的恐龍大多是獸腳亞目的羽毛恐龍。當中最快的跑者，應該就是全長4．5m的似鳥龍了吧。牠是一種據說能跑到時速約80km、貌似鴕鳥的恐龍。接下來就是恐爪龍了。牠雖然是體高只有1．7m左右、身軀嬌小，但也能跑出時速約40km。第三名則是體長3．3m左右的伶盜龍（迅猛龍）。牠的時速大約可達50km，是會群體打獵、頭腦很好的獵捕者。

跑者恐龍大多為了能夠跑得比較快，而將骨骼進化為中間有空洞的型態來減輕重量等。

似鳥龍

恐爪龍

伶盜龍（迅猛龍）

比賽剛開始由輕量級選手伶盜龍（迅猛龍）拔得頭籌，但比賽後半，似鳥龍提高速度追上以後，輕輕鬆鬆奪得金牌！

速度對決排名

1 似鳥龍

②伶盜龍（迅猛龍）

③恐爪龍

水中對決
最強決鬥！

滄龍 VS 棘龍

水中王者的冠軍爭奪戰是不同種族的競爭。比賽雙方分別是有著強而有力上下顎的滄龍，牠是生存於海中的海生爬蟲類。對手則是有著最大身體的棘龍，牠是在岸邊生活的獸腳亞目恐龍。雙方都非常擅長在水中戰鬥……。

淺灘上敲響了戰鬥鈴！
剛開始兩者互相咬噛。
但是棘龍無法抓住迅速
游走的滄龍。

滄龍

棘龍

抓住瞬間的機會，滄龍一口咬住棘龍的頭部、用牠那強而有力的上下顎讓敵人動彈不得，輕鬆地就將對方拖入海中。

水中戰的關鍵在於巨大的體重差異

相對於滄龍的作戰手段是將敵人拖進深海中，棘龍則是想將對手拉到岸上來。但是滄龍不斷迅速地游過來又游過去，棘龍被轉得七葷八素，終於還是被對方那力道有6t之強的咬合力捕捉住，一溜煙地就被拖進了海中。勝負的關鍵之一，就在於據說滄龍的體重可達40t。第3名的海王龍，雖然體型小了一圈，但也是屬於滄龍科的動物。

水中對決排名

1 滄龍

②棘龍

③海王龍

被稱為防禦三門神的三角龍、劍龍和甲龍的對決，是互相攻擊並且防禦的比賽。這可說是耐力持久戰吧。

防禦力
最強決鬥！
三角龍
VS
劍龍
VS
甲龍

甲龍以其裝甲防禦了敵人的絕招。牠的尾巴重錘雖然揮出位置較低，卻也一舉掃倒兩位對手。

一決勝敗關鍵就在攻守平衡！

尾巴上長了板釘的劍龍、以角突刺的三角龍、以及使用尾巴錘頭來毆打敵人的甲龍。這三頭恐龍在近身戰上呈現三國鼎立態勢僵持不下。但是，有著厚重裝甲的甲龍能夠完全抵禦劍龍和角龍的攻擊。就在敵人們開始感到疲憊時，牠將尾巴掃過敵人下盤，成功使牠們倒下。甲龍的裝甲非常輕盈，身段輕巧又能夠揮舞尾巴的錘頭，在作戰上可攻可守。

防禦力排名

甲龍

②三角龍

③劍龍

最小最弱
決鬥!?
小盜龍 VS 始祖鳥 VS 蓓天翼龍 等

小型恐龍NO．1決定戰打得火熱！

始祖鳥展開雙翼長約60㎝，在對手之間並不算是特別大的，但可以想見它具有優秀的飛行技巧。小盜龍展開雙翼長約100㎝，但牠的飛行能力恐怕沒有始祖鳥那麼好。而翼龍中的蓓天翼龍展開翅膀長約60㎝，但體重只有200g左右，十分輕巧。果齒龍是一種生存在北美的最小恐龍，大概跟小型犬差不多；中國的古角龍體型稍大一些，展開雙臂約長90㎝，但牠是草食性恐龍。看起來不管是哪種恐龍，都無法勝過行動能力優秀的始祖鳥呢。

決定超小型恐龍之王的戰鬥，乍看之下還挺有趣的。雖然都是一些並不好戰的小傢伙，但當中也有會活用自己特殊技能來追逐敵人的品種。

小型恐龍、翼龍對決！排名

1 始祖鳥
②小盜龍
③果齒龍
④蓓天翼龍
⑤古角龍

始祖鳥巧妙地在步伐輕巧的敵人之間滑翔，用牠的嘴喙戳著對手、追趕牠們。

恐龍的滅絕

恐龍繁榮生存長達約1億6000萬年。牠們會消失的理由究竟為何呢？各種假設五花八門，就讓我們檢驗一下可能性最高的「隕石撞擊」假設吧。

地球上的生物半數以上都滅絕的重大事件

恐龍是在中生代（三疊紀、侏儸紀、白堊紀）非常繁榮的大型動物。但是君臨太古世界的牠們，在大約6600萬年前的白堊紀末期卻消失地無影無蹤。關於恐龍滅絕的理由，假設五花八門、眾說紛紜。

在大量假設當中被認為可能性最高的就是「隕石撞擊」說。這是指在恐龍極為興盛的白堊紀末期時，有個直徑大約10km的巨大隕石掉落在現在的墨西哥猶加敦半島。地球被溫度升高至1500度的雲層包覆，森林和草原都發生了大規模火災。隕石撞擊同時引發了芮氏規模11級的地震及數百公尺高的海嘯、還噴出了幾乎覆蓋整個大氣層的灰塵，估計撞擊地點半徑1000km以內的生物都被毀滅了。而這個超乎想像的天地異變又引發了被稱為「隕石撞擊冬季」的寒流。由於隕石撞擊時造成的衝擊引發火山活動，造成火山噴出大量熔岩及有毒氣體。隕石爆炸引發的灰塵遮蔽了太陽光線、在撞擊後的10年內，地

巨大隕石落下的痕跡!?
希克蘇魯伯隕石坑

墨西哥猶加敦半島上殘留著一個直徑180km的「希克蘇魯伯隕石坑」，被認為就是造成恐龍滅絕原因的巨大隕石撞擊痕跡。

球的氣溫就下降了10度。光合作用難以進行，導致植物數量銳減，連帶造成草食性恐龍、然後是肉食性恐龍的消失。另外，隕石撞擊時產生的硫酸溶解在海裡導致海洋酸性化，大氣中的硫酸氣體也引發酸雨。海洋整個變成酸性的，破壞了生態系統。

由於環境的變化，除了恐龍以外的蛇頸龍、滄龍、翼龍、爬蟲類、鳥類和哺乳類大多滅絕了，此時地球上的生物應該有66％以上都消失了。

這件事情被稱為「白堊紀－古近紀滅絕事件（K／Pg滅絕事件）」。但是，恐龍並不是在隕石撞擊後就全部滅絕，之後似乎還存活了幾十萬年。地球的生命循環尺規實在宏偉到令人驚訝。

而屬於恐龍一族的鳥類、以及當時還算是小動物的哺乳類，在撐過艱苦的時期之後擴張勢力，得以興盛繁榮。

恐龍博覽會2019

THE DINOSAUR EXPO 2019

© Courtesy of Yale Peabody Museum, photograph by Robert Lorenz

被認為可以快速移動的『恐爪龍復原骨骼模型』。另外，也預定會展示第一次來到日本的恐爪龍正模標本。

© Courtesy of The Royal Saskatchewan Museum, Sandra Foreman Photography

北海道鵡川町立穗別博物館收藏之『暴龍』復原骨骼模型。能夠清楚看出牠的上下顎非常強韌，是咬合力極為強悍的恐龍。

© NHK

「鵡川龍」所生活的恐龍世界CG。在「恐龍博覽會2019」當中除了鵡川龍全身實品化石以外，也能看見牠們當年生活的樣貌。

DATA

名稱	恐龍博覽會2019 THE DINOSAUR EXPO 2019
展期	2019年7月13日（六）～10月14日（一）
會場	國立科學博物館　（東京上野公園內）
開館時間	9:00～17:00（星期五、六至20:00） ※8月11日（日）～15日（四）、18日（日）至18:00 ※入場時間為閉館時間的30分鐘前 ※休館日：7月16日（二）、9月2日（一）、9日（一）、17日（二）、24日（二）、30日（一）

恐龍學的過往、現在以及近未來

1969年在美國發現的肉食性恐龍被命名為「可怕的爪子」，也就是暴龍，之後就步入了恐龍研究的全新時代。經過了50年的歲月，7月13日起將展出「恐龍博覽會2019 THE DINOSAUR EXPO 2019」，回顧過往、放眼現在並展望未來。

這個博覽會值得觀賞的重點大致上有4個。第1個，就是會中展示了能夠回顧恐龍研究50年來變遷中重要的標本。第2個則是長年來被認為是神祕恐龍的恐手龍，近年來找到的頭骨等貴重實物化石；以及全世界第一次公開展示的全身復原骨骼。第3項是日本國內首次發現的大型恐龍，也就是北海道的鵡川龍全身實物化石以及全身復原骨骼，這是首次在鵡川以外的地方公開展示。

而最後第4項重點，就是找出恐龍滅絕原因的最新研究。恐龍所處的中生代究竟是如何結束、而新生代又是如何開始的呢？本次展覽中也有相關調查結果的介紹。

※編註：本展覽已圓滿結束。